云南建设学校
国家中职示范校建设成果

国家中职示范校建设成果系列实训教材

建筑工程计量与计价项目工作手册

林　云　主编
刘海春　主审

U0198604

中国建筑工业出版社

图书在版编目（CIP）数据

建筑工程计量与计价项目工作手册/林云主编．—北京：
中国建筑工业出版社，2014.11（2022.7重印）
国家中职示范校建设成果系列实训教材
ISBN 978-7-112-17005-0

Ⅰ.①建… Ⅱ.①林… Ⅲ.①建筑工程-计量-中等专业学
校-教材②建筑造价-中等专业学校-教材 Ⅳ.①TU723.3

中国版本图书馆 CIP 数据核字（2014）第 135735 号

　　本书是中等职业教育土建类专业《建筑工程计量与计价》实训指导书。本书是
基于任务引领的教学模式下进行编写的，是按照典型工作任务设置实训项目，实训
项目的设置与具体工作（学习）任务一一对应，突出以技能训练带动知识点的学
习，做到教、学、做结合，理论与实践一体化。全书共分为 22 个项目，68 个工作
（学习）任务。

　　本书可供中职土建类相关专业的学生使用，也可供工程造价及工程技术人员
参考。

　　责任编辑：陈　桦　聂　伟　吴越恺
　　责任设计：董建平
　　责任校对：李美娜　刘　珏

国家中职示范校建设成果
国家中职示范校建设成果系列实训教材
建筑工程计量与计价项目工作手册
林　云　主编
刘海春　主审
*
中国建筑工业出版社出版、发行（北京西郊百万庄）
各地新华书店、建筑书店经销
北京科地亚盟排版公司制版
北京凌奇印刷有限责任公司印刷
*
开本：787×1092 毫米　1/16　印张：14½　字数：348 千字
2015 年 6 月第一版　　2022 年 7 月第四次印刷
定价：**38.00** 元
ISBN 978-7-112-17005-0
（25843）

国家中职示范校建设成果系列实训教材

编审委员会

主　任：廖春洪　王雁荣

副主任：王和生　何嘉熙　黄　洁

编委会：（按姓氏笔画为序）

王　谊　王和生　王雁荣　卢光武　田云彪

刘平平　刘海春　李　敬　李文峰　李春年

杨东华　吴成家　何嘉熙　张新义　陈　超

林　云　金　煜　赵双社　赵桂兰　胡　毅

胡志光　聂　伟　唐　琦　黄　洁　蒋　欣

管绍波　廖春洪　黎　程

序　言

　　提升中等职业教育人才培养质量，需要大力推动专业设置与产业需求、课程内容与职业标准、教学过程与生产过程"三对接"，积极推进学历证书和职业资格证书"双证书"制度，做到学以致用。

　　实现教学过程与生产过程的对接，全面提高学生素质、培养学生创新能力和实践能力，需要构造体现以教师为主导、以学生为主体、以实践为主线的中等职业教育现代教学方法体系。这就要求中等职业教育要从培养目标出发，运用理实一体化、目标教学法、行为导向法等教学方法，培养应用型、技能型人才。

　　但我国职业教育改革进程刚刚起步，以中等职业教育现代教学方法体系编写的教材较少，特别是体现理实一体化教学特点的实训教材非常缺乏，不能满足中等职业学校课程体系改革的要求。为了推动中等职业学校建筑类专业教学改革，作为国家中等职业教育改革发展示范学校的云南建设学校组织编写了《国家中职示范校建设成果系列实训教材》。

　　本套教材借鉴了国内外职业教育改革经验，注重学生实践动手能力的培养，涵盖了建筑类专业的主要专业核心课程和专业方向课程。本套教材按照住房和城乡建设部中等职业教育专业指导委员会最新专业教学标准和现行国家规范，以项目教学法为主要教学思路编写，并配有大量工程实例及分析，可作为全国中等职业教育建筑类专业教学改革的借鉴和参考。

　　由于时间仓促，水平和能力有限，本套教材肯定还存在许多不足之处，恳请广大读者批评指正。

《国家中职示范校建设成果系列实训教材》编审委员会

2014 年 5 月

前　言

    本书是中等职业教育土建类专业《建筑工程计量与计价》实训指导书。本书是基于任务引领的教学模式下进行编写的，是按照典型工作任务设置实训项目，实训项目的设置与具体工作（学习）任务一一对应，突出以技能训练带动知识点的学习，做到教、学、做结合，理论与实践一体化。任务工作页主要包括知识准备或知识回顾、知识学习与任务完成过程、任务完成情况评价等内容。

    本书任务设置是按中职学校工程造价专业《建筑工程计量与计价》课程开设两学期，每学期每周六学时的教学安排来考虑的。同时需要说明的是：本书依据"《建设工程工程量清单计价规范》GB 50500—2013 及《云南省 2013 版造价计价依据》"进行编写；编写时云南省 2013 版计价规范刚出台，而与该新计价规范配套的教材还尚未开发，故本书是在《建设工程工程量清单计价规范》GB 50500—2013、《房屋建筑与装饰工程工程量计算规范》GB 50854—2013 及《云南省 2013 版造价计价依据》作为学生上课使用的教材这样一种编写环境下完成的。

    本书由云南建设学校林云主编，王晓强、杨海秀、施玉琼、李桂荣参加编写，全书由刘海春主审。全书共分为 22 个项目，68 个工作（学习）任务，项目 1、2、3、4、5、22由王晓强编写，项目 6、7、8、9 由杨海秀编写，项目 10、13、14、15、16、17 由施玉琼编写，项目 11、12 由李桂荣编写，项目 18、19、20、21 由林云编写。

    由于编者水平有限，加之时间仓促，本书在编写过程中难免存在错误与不妥之处，恳请读者批评指正。

目　　录

项目1 建筑工程造价基本知识

任务1.1 建设工程基本概念

1.1.1 任务目的
1. 掌握建设工程项目划分；
2. 掌握建设工程的建设程序。

1.1.2 任务要求
以个人为单位，完成学生工作页中规定的学习内容。

1.1.3 任务计划
任务计划时间2学时。

1.1.4 基础知识

建设工程基本概念

一、建设工程概述

建设工程是指为人类生活、生产提供物质技术基础的各类建筑物和工程设施的统称。建设工程是人类有组织、有目的、大规模的经济活动；是固定资产再生产过程中形成综合生产能力或发挥工程效益的工程项目；是指建造新的或改造原有的固定资产。建设工程按照自然属性可分为建筑工程、土木工程和机电工程三类。涵盖房屋建筑工程、铁路工程、公路工程、水利工程、市政工程、煤炭矿山工程、水运工程、海洋工程、民航工程、商业与物质工程、农业工程、林业工程、粮食工程、石油天然气工程、海洋石油工程、火电工程、水电工程、核工业工程、建材工程、冶金工程、有色金属工程、石化工程、化工工程、医药工程、机械工程、航天与航空工程、兵器与船舶工程、轻工工程、纺织工程、电子与通信工程和广播电影电视工程等。

二、建设工程项目划分

建设工程是一个系统工程，为了适应工程管理和经济核算的需要，可将建设项目由大到小进行五级划分。

（一）建设项目

建设项目指在一个总体设计或初步设计的范围内，由一个或若干个单项工程所组成的经济上实行统一核算，行政上有独立机构或组织形式，实行统一管理的基本建设单位。一般以一个行政上独立的企事业单位作为一个建设项目，如一家工厂，一所学校等。

（二）单项工程

单项工程指具有单独的设计文件，建成后能够独立发挥生产能力和使用效益的工程。单项工程又称为工程项目。它是建设项目的组成部分。

工业建设项目的单项工程，一般是指能够生产出设计所规定的主要产品的车间或生产线以及其他辅助或附属工程。如工业项目中某机械厂的一个铸造车间或装配车间等。

非工业建设项目的单项工程，一般是指能够独立发挥设计规定的使用功能和使用效益的各项独立工程。如民用建筑项目中某大学的一栋教学楼或实验楼、图书馆等。

（三）单位工程

单位工程指具有单独的设计文件，独立的施工条件，但建成后不能够独立发挥生产能力和效益的工程。单位工程是单项工程的组成部分，如：建筑工程中的一般土建工程、装饰装修工程、给排水工程、电气照明工程、弱电工程、采暖通风空调工程、煤气管道工程、园林绿化工程等均可以独立作为单位工程。

（四）分部工程

分部工程是指各单位工程的组成部分。它一般根据建筑物、构筑物的主要部位、工程的结构、工种内容、材料结构或施工程序等来划分。如土建工程可划分为土石方、桩基础、砌筑、混凝土及钢筋混凝土、屋面及防水、金属结构制作及安装、构件运输及预制构件安装、脚手架、楼地面、门窗及木结构、装饰、防腐保温隔热等分部工程。分部工程在现行预算定额中一般表达为"章"。

（五）分项工程

分项工程是指各分部工程的组成部分。它是工程造价计算的基本要素和概预算最基本的计量单元，是通过较简单的施工过程就可以生产出来的建筑产品或构配件。如砌筑分部中的砖基础、一砖墙、砖柱；混凝土及钢筋混凝土分部中的现浇混凝土基础、梁、板、柱、钢筋制安等。编制概预算时，各分部分项工程费用由直接用于施工过程耗费的人工费、材料费、机械台班使用费所组成。

三、工程建设的程序

（一）工程建设程序

工程建设程序是指工程建设过程中的各个阶段、各工作之间必须遵循的先后次序的法则。这一法则是人们从实际工作的经验和教训中，认识客观规律，了解各阶段，各工作之间的内在联系的基础上制定出来的，是建设项目科学决策、顺利实施和获得预期回报的重要保证。这种顺序是建设工程自然规律的反映，人们只能认识它，运用它来加快建设速度，提高投资效益，但不能改变它、违背它，否则就会在经济上造成很大的损失和浪费。

建设程序的各个阶段都必须自觉运用价值规律，反映价值规律的要求。如在项目可行性研究时，就必须对投资支出、投产后生产成本和经济效益进行分析；在编制可行性研究报告，确定投资项目时，就必须进行投资估算；设计时要进行方案比选和投资控制，就必须进行设计概算和施工图预算；建设实施时，建筑安装工程交易各方应分别编制投标控制价、投标价、确定合同价和进行工程结算；工程竣工时，必须办理竣工结算，进行项目决算。一般要求设计概算不能超出投资估算的一定范围，施工图预算不能超过设计概算，竣工结算（决算）不能超过施工图预算。

（二）我国现行的工程建设程序

我国现行的工程项目建设程序，有以下十个循序渐进的阶段。

1. 项目建议书阶段

项目建议书是对拟投资建设项目的轮廓设想，主要是从宏观上来分析投资项目的必要性，论证其是否符合市场需求和符合国家长远规划的方针和要求，同时初步分析建设的可能性。供建设管理部门选择并确定是否进行下一步工作。

2. 可行性研究阶段

可行性研究是根据审定的项目建议书，对投资项目在技术、经济、社会等方面的可行性和合理性进行全面的科学分析和论证，为项目决策提供可靠的依据，从而减少项目决策的盲目性。

可行性研究的主要内容是考察项目建设的必要性，产品市场的可容性，工艺、技术的先进性和适用性，工程的合理性，财务和经济的可行性以及对社会和环境的影响等，从而对项目的可行性作出全面的判断。它是项目建设前期的一项重要工作。

3. 项目选址阶段

建设项目必须慎重选择建设地点，建设地点的选择主要考虑以下三个问题：一是资源、原材料是否能落实和可靠；二是工程地质、水文地质等自然条件是否满足建设要求；三是交通、运输、动力、燃料、水源、水质等建设的外部条件是否具备和经济合理。

选址是项目建设中一个重大的极其复杂的问题，要考虑多方面的因素，要在综合研究和多方案比较的基础上，慎重提出选址报告。

4. 项目设计阶段

设计是可行性研究的继续和深化，是项目决策后的具体实施方案，是对拟建项目从技术上、经济上进行全面论证和具体规划的工作，是组织工程施工的重要依据，它直接关系到工程质量和将来的使用效果。

设计工作是逐步深入，分阶段进行的。大中型项目一般采用初步设计和施工图设计两个阶段设计。重大的和特殊的项目可在初步设计之后增加技术设计（也叫扩大初步设计），即采用三阶段设计。初步设计提出的建设项目总概算如果超过可行性研究报告确定的总投资估算的10％以上，要重新报批可行性研究报告。

5. 制订年度计划阶段

年度计划包括具体规定当年应该建设的工程项目和进度要求，应该完成的投资额度和投资构成，应该交付使用的资产价值和新增生产能力。它是规定计划年度应完成建设任务的文件。

对于建设周期长、要跨越几个计划年度的项目，应先根据审定的初步设计及其总概算和总工期，编制项目总进度计划，安排各单项工程和单位工程的建设进度，合理分配年度投资，然后编制年度投资计划。如果说可行性研究时解决"是否要做"的问题，那么，设计是解决"怎样做"的问题，而年度计划是解决"什么时候做"的问题（即年度内做什么的问题）。

年度计划的作用是人、财、物资源的综合平衡和项目的主体工程与配套工程同步建设相互衔接，使竣工项目及时发挥效益。

6. 准备建设阶段

为了保证工程按期开工和顺利施工，项目在开工建设前必须切实认真地做好一系列准备工作。这些准备工作包括：征地、拆迁或土地批租，建设场地三通一平（水通、电通、道路通和场地平整），设备和主要材料的招标或订货，落实施工设计进度计划，落实建设资金，组织施工招标，择优选定施工企业等。

7. 建设施工阶段

施工是实施设计方案和投资计划的关键环节。在开工前，先落实施工条件，做到计划、设计、施工"三对口"；投资、工程内容和进度、施工图纸、材料设备、施工力量"五落实"。

施工前要认真做好施工图会审工作，明确质量要求；施工中要严格按图施工。如发现问题和提出合理化建议，应取得设计单位同意。

要按照施工顺序合理组织施工。一般应先土建后安装；先地下，后地上；先主体，后辅助；先上游，后下游；先深，后浅；先干线，后支线。

要讲究工程质量。地下工程和隐蔽工程，特别是基础和结构的关键部位，一定要做好原始记录，经验收合格后，才能进行下一道工序的施工。

8. 生产准备阶段

生产性投资项目在单项工程或建设项目竣工投产前，应根据其生产技术的特点，及时组成专门班子或机构，有计划地做好试生产的准备工作，以确保一旦工程竣工验收，就能立即投入生产，产生经济效益。

生产准备阶段的主要内容有：①招收和培训必需的工人和管理人员，组织生产人员参加设备的安装、调试和工程验收，使其熟悉和掌握生产技术和工艺流程；②落实生产用原材料、燃料、水、电、气等的来源和其他协作配合条件；③组织工具、器具、备品、备件的制造和采购；④组织强有力的生产指挥机构，制定管理制度，搜集生产技术资料，产品样品等。

9. 竣工验收、交付使用阶段

竣工验收、交付使用时项目建设过程的最后一环，也是全面考核建设成果，检验设计和施工质量的重要步骤。通过竣工验收，一是检验工程的设计和施工质量，及时解决一些影响正常生产和使用的问题，保证项目能按设计要求的技术经济指标正常生产和使用；二是对验收合格的项目，及时办理固定资产移交手续，使其由建设环境转入生产或使用环境，产生生产能力或发挥效益；三是有关部门和单位能从中总结经验教训，以便改进工作。

10. 项目后评价阶段

项目后评价是在项目建成投产或交付使用并运行一段时期后进行的，它是对投资项目建成投产或交付使用后取得的经济效益、社会效益和环境影响进行综合评价。项目竣工验收只是工程建设完成的标志，而不是项目建设程序的结束。项目是否达到投资决策时所确定的目标，只有经过生产经营和使用、取得实际效果后才能做出准确的判断，也只有在这时进行项目总结和评价，才能反映项目投资建设活动全过程的经济效益、社会效益、环境影响及其存在的问题。因此，项目后评价也应是建设程序中不可缺少的组成部分和重要环节。

尽管各种建设项目、建设过程错综复杂，而各建设工程必须经过的一般历程基本上还是相同的。不论什么项目一般应先调查、规划、研究、评价，而后确定项目，确定投资；项目确定后，勘察、选址、设计、建设准备、施工、生产准备、竣工验收、交付使用、后评价等都必须一步一步地进行，一环一环地紧扣，决不能前一步没有走就走后一步。当然有些工作可以合理交叉，但以下规律无论如何不能违背：没有可行性研究，不能确定项目；没有勘察，不能设计；没有设计，不能施工；不经验收，不准使用。我国工程建设实践证明：正确执行建设程序，就可以促进"多、快、好、省"；违背建设程序，就会造成"少、慢、差、费"。

1.1.5 任务工作页

专业		授课教师	
工作项目	建设工程造价基本知识	工作任务	建设工程基本概念

知识学习与任务完成过程	1. 简述建设工程的概念。 2. 建设工程项目是如何划分的? 3. 什么是单位工程? 4. 简述我国现行的工程建设程序。

任务完成情况评价	序号	评价项目及权重		学生自评	老师评价
	1	工作纪律和态度（20分）			
	2	任务完成情况 （80分）	第1题（20分）		
	3		第2题（20分）		
	4		第3题（20分）		
	5		第4题（20分）		
		小计			
		总分			

任务 1.2　工程造价基本概念

1.2.1　任务目的
1. 掌握工程造价的概念、特点和作用；
2. 熟悉工程造价的职能；
3. 了解现行工程造价的构成，明确本课程要解决的是建筑安装工程费用的计算。

1.2.2　任务要求
以个人为单位，完成学生工作页中规定的学习内容。

1.2.3　任务计划
任务计划时间 2 学时。

1.2.4　基础知识

工程造价基本概念

一、工程造价的概念

工程造价，是指进行一个工程项目的建造所需花费的全部费用，即从工程项目确定建设意向直至建成、竣工验收为止的整个建设期间所支付的总费用，这是保证工程项目建造正常进行的必要资金，是建设项目投资中的最主要的部分。

工程造价的直意就是工程的建造价格。工程泛指一切建设工程，它的范围和内涵具有很大的不确定性。工程造价有如下两种含义：

第一种含义：工程造价是指建设一项工程预期开支或实际开支的全部固定资产投资费用。显然，这一含义是从投资者——业主的角度来定义的。投资者选定一个投资项目，为了获得预期的效益，就要通过项目评估进行决策，然后进行设计招标、工程招标，直至竣工验收等一系列投资管理活动。在投资活动中所支付的全部费用形成了固定资产和无形资产。所有这些开支就构成了工程造价。从这个意义上说，工程造价就是工程投资费用，建设项目工程造价就是建设项目固定资产投资。

第二种含义：工程造价是指工程价格。即为建成一项工程，预计或实际在土地市场、设备市场、技术劳务市场，以及承包市场等交易活动中所形成的建筑安装工程的价格和建设工程总价格。显然，这一含义是从承包者（承包商）或供应商或规划、设计等机构的角度来定义的。工程造价的第二种含义是以社会主义商品经济和市场经济为前提的，它以工程这种特定的商品形式作为交易对象，通过招投标或其他交易方式，在进行多次预估的基础上，最终由市场形成的价格。

二、工程造价的特点

（一）大额性

能够发挥投资效用的任一项工程，不仅实物形体庞大，而且造价高昂。动辄数百万、数千万、数亿、十几亿，特大型工程项目的造价可达百亿、千亿元人民币。工程造价的大额性使其关系到有关各方面的重大经济利益，同时也会对宏观经济产生重大影响。这就决定了工程造价的特殊地位，也说明了造价管理的重要意义。

（二）个别性、差异性

任何一项工程都有特定的用途、功能、规模。因此，对每一项工程的结构、造型、空间分割、设备配备和内外装饰都有具体的要求，因而使工程内容和实物形体都具有个别性、差异性。产品的差异性决定了工程造价的个别性差异。同时，每项工程所处地区、地段都不相同，使这一特点得到强化。

（三）动态性

任何一项工程从决策到竣工交付使用，都有一个较长的建设期间，而且由于不可控因素的影响，在预计工期内，许多影响工程造价的动态因素，如工程变更、设备材料价格、工资标准以及费率、利率、汇率发生变化。这种变化必然会影响到造价的变动。所以，工程造价在整个建设期中处于不确定状态，直至竣工决算后才能最终确定工程的实际造价。

（四）层次性

造价的层次性取决于工程的层次性。一个建设项目往往含有多个能够独立发挥设计效能的单项工程（车间、写字楼、住宅楼等）。一个单项工程又是由能够各自发挥专业效能的多个单位工程（土建工程、电气安装工程等）组成。与此相适应，工程造价有 3 个层次：建设项目总造价、单项工程造价、单位工程造价。如果专业分工更细，单位工程（如土建工程）的组成部分——分部分项工程也可以成为交换对象，如大型土石方工程、基础工程、装饰工程等，这样工程造价的层次就增加分部工程和分项工程而成为 5 个层次。即使从造价的计算和工程管理的角度看，工程造价的层次性也是非常突出的。

（五）兼容性

工程造价的兼容性首先表现在它具有两种含义，其次表现在工程造价构成因素的广泛性和复杂性。在工程造价中，首先是成本因素非常复杂。其中为获得建设工程用地支出的费用、项目可行性研究和规划设计费用、与政府一定时期政策（特别是产业政策和税收政策）相关的费用占有相当的份额。再次，盈利的构成也较为复杂，资金成本较大。

三、工程造价的作用

（一）工程造价是项目决策的依据

建设工程投资大、生产和使用周期长等特点决定了项目决策。工程造价决定着项目的一次性投资费用。投资者是否有足够的财务能力支付这笔费用，是否认为值得支付这项费用，是项目决策中要考虑的主要问题。财务能力是一个独立的投资主体必须首先解决的问题，如果建设工程的价格超过投资者的支付能力，就会迫使他放弃拟建的项目；如果项目投资的效果达不到预期目标，他也会自动放弃拟建的工程，因此在项目决策阶段，建设工程造价就成为项目财务分析和经济评价的重要依据。

（二）工程造价是制定投资计划和控制投资的依据

工程造价在控制投资方面的作用非常明显。工程造价是通过多次性预估，最终通过竣工决算确定下来的。每一次预估的过程就是对造价的控制过程；而每一次估算对下一次估算又都是对造价的严格控制，具体讲，每一次估算都不能超过前一次估算的一定幅度。这种控制是在投资者财务能力的限度内为取得既定的投资效益所必需的。建设工程造价对投资的控制也表现在利用制定各类定额、标准和参数，对建设工程造价的计算依据进行控制。在市场经济利益风险机制的作用下，造价对投资的控制作用成为投资的内部约束机制。

（三）工程造价是筹集建设资金的依据

投资体制的改革和市场经济的建立，要求项目的投资者必须有很强的筹集资金能力，以保证工程建设有充足的资金供应。工程造价基本决定了建设资金的需要量，从而为筹集资金提供了比较准确的依据。当建设资金来源于金融机构的贷款时，金融机构在对项目的偿贷能力进行评估的基础上，也需要依据工程造价来确定给予投资者的贷款数额。

（四）工程造价是评价投资效果的重要指标

工程造价是一个包含着多层次工程造价的体系，就一个工程项目来说，它既是建设项目的总造价，又包含单项工程的造价和单位工程的造价，同时也包含单位生产能力的造价，或一个平方米建筑面积的造价等等。所有这些，使工程造价自身形成了一个指标体系。它能够为评价投资效果提供出多种评价指标，并能够形成新的价格信息，为今后类似项目的投资提供参照系。

（五）工程造价是合理利益分配和调节产业结构的手段

工程造价的高低，涉及国民经济各部门和企业间的利益分配。在计划经济体制下，政府为了用有限的财政资金建成更多的工程项目，总是趋向于压低建设工程造价，使建设中的劳动消耗得不到补偿，价值不能得到完全实现。而未被实现的部分价值则被重新分配到各个投资部门，为项目投资者占有。这种利益的再分配有利于各产业部门按照政府的投资导向加速发展，也有利于按宏观经济的要求调整产业结构。但是也会严重损害建筑企业等的利益，从而使建筑业的发展长期处于落后状态，与整个国民经济的发展不相适应。在市场经济中，工程造价也无不例外地受供求状况的影响，并在围绕价值的波动中实现对建设规模、产业结构和利益分配的调节。加上政府正确的宏观调控和价格的政策导向，工程造价在这方面的作用会充分发挥出来。

四、工程造价的职能

（一）预测职能

由于工程造价的大额性和多变性，无论是投资者或是承包商都要对拟建工程进行预先测算。投资者预先测算工程造价不仅作为项目决策的依据，同时也是筹集资金、控制造价的依据。承包商对工程造价的测算，既为投资决策提供依据，也为投标报价和成本管理提供依据。

（二）控制职能

工程造价的控制职能表现在两方面，一方面是它对投资的控制，即在投资的各个阶段，根据对造价的多次性预估，对造价进行全过程、多层次的控制；另一方面，是对以承包商为代表的商品和劳务供应企业的成本控制。在价格一定的条件下，企业实际成本开支决定企业的盈利水平，成本越高，盈利越低，成本高于价格，就会危及企业的生存，所以企业要以工程造价来控制成本，利用工程造价提供的信息资料作为控制成本的依据。

（三）评价职能

工程造价是评价总投资和分项投资合理性和投资效益的主要依据之一。评价土地价格、建筑安装产品和设备价格的合理性时，就必须利用工程造价资料；在评价建设项目偿贷能力、获利能力和宏观效益时，也要依据工程造价。工程造价也是评价建筑安装企业管理水平和经营成果的重要依据。

（四）调节职能

工程建设直接关系到经济增长，也直接关系到国家重要资源分配和资金流向，对国计民生都会产生重大影响。所以，国家对建设规模、结构进行宏观调节是在任何条件下都不可能缺少的，对政府投资项目进行直接调控和管理也是非常必需的。这些都要通过工程造价来对工程建设中的物资消耗水平、建设规模、投资方向等进行调节。

五、我国现行工程造价的构成

我国现行工程造价的构成主要划分为设备及工具、器具购置费用，建筑安装工程费用，工程建设其他费用，预备费，建设期贷款利息，固定资产投资方向调节税等几项。具体构成内容如图 1-1 所示。

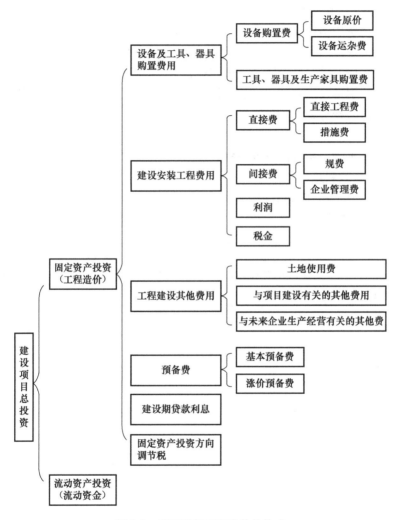

图 1-1　我国现行工程造价的构成

（一）设备及工具、器具购置费用

设备及工具、器具购置费用包括设备购置费用和工器具及生产家具购置费用。

1. 设备购置费用包括生产、动力、起重、运输、传动、医疗和实验等一切需安装或不需安装的设备及其备品备件的购置费用。

2. 工器具及生产家具购置费用是指新建项目，为保证正常生产所必须购置的第一套没有达到固定资产标准的工器具及生产家具的购置费用。包括车间、实验室、学校、医疗室等所应配备的各种工具、器具、生产家具。如各种计量、监视、分析、化验、保湿、烘干用的仪器、工作台、工具箱等的购置费用。

（二）建筑安装工程费用

建筑安装工程费用包括建筑工程费用和设备安装工程费用。

1. 建筑工程费用包括厂内的和厂外的、永久的和临时的各类房屋建筑和构筑物的建造费用。

2. 设备安装工程费用包括永久的和临时的各类设备的安装和调试费用。

（三）工程建设其他费用

工程建设其他费用是指除上述费用以外的，为保证工程建设顺利完成和交付使用后能正常发挥生产能力或效用而发生的各项费用的总和。它包括土地使用费、建设单位管理费、勘察设计费、研究试验费、联合试运转费、生产准备费、办公和生活用具购置费、市政基础设施贴费、引进技术和进口设备项目的其他费、施工机构迁移费、临时设施费、工程监理费、工程保险费等费用，见图1-1。

（四）预备费

预备费包括基本预备费和涨价预备费。

（五）建设期贷款利息

（六）固定资产投资方向调节税

1.2.5 任务工作页

专业		授课教师	
工作项目	建设工程造价基本知识	工作任务	工程造价基本概念
知识学习与任务完成过程	1. 简述工程造价的概念。 2. 工程造价的特点是什么？ 3. 简述工程造价的作用。 4. 简述工程造价的职能。 5. 简述工程造价的构成。		

	序号	评价项目及权重		学生自评	老师评价
任务完成情况评价	1	工作纪律和态度（20分）			
	2	任务完成情况（80分）	第1题（16分）		
	3		第2题（16分）		
	4		第3题（16分）		
	5		第4题（16分）		
	6		第5题（16分）		
		小计			
		总分			

项目 2　建设工程造价计价依据

任务 2.1　《建设工程工程量清单计价规范》GB 50500—2013 简介

2.1.1　任务目的
掌握《建设工程工程量清单计价规范》GB 50500—2013 的内容构成及用途。

2.1.2　任务要求
以个人为单位，完成学生工作页中规定的学习内容。

2.1.3　任务计划
任务计划时间 1 学时。

2.1.4　任务工作页

专业		授课教师	
工作项目	建设工程造价计价依据	工作任务	《建设工程工程量清单计价规范》GB 50500—2013 简介
知识学习与任务完成过程	1. 根据老师的指导，浏览并了解《建设工程工程量清单计价规范》GB 50500—2013。老师口头问答考核。 2.《建设工程工程量清单计价规范》GB 50500—2013 的作用是什么？该规范适用于哪些活动？		

任务完成情况评价	序号	评价项目及权重		学生自评	老师评价
	1	工作纪律和态度（20 分）			
	2	任务完成情况（80 分）	第 1 题（40 分）		
	3		第 2 题（40 分）		
		小计			
		总分			

任务 2.2 《房屋建筑与装饰工程工程量计算规范》 GB 50854—2013 简介

2.2.1 任务目的
掌握《房屋建筑与装饰工程工程量计算规范》GB 50854—2013 的内容构成及用途。

2.2.2 任务要求
以个人为单位，完成学生工作页中规定的学习内容。

2.2.3 任务计划
任务计划时间 1 学时。

2.2.4 任务工作页

专业		授课教师		
工作项目	建设工程造价计价依据	工作任务	《房屋建筑与装饰工程工程量计算规范》GB 50854—2013 简介	
知识学习与任务完成过程	1. 根据老师的指导，浏览并了解《房屋建筑与装饰工程工程量计算规范》GB 50854—2013。老师口头问答考核。 2.《房屋建筑与装饰工程工程量计算规范》GB 50854—2013 的作用是什么？该规范适用于哪些活动？			
任务完成情况评价	序号	评价项目及权重		学生自评	老师评价
	1	工作纪律和态度（20分）			
	2	任务完成情况（80分）	第1题（40分）		
	3		第2题（40分）		
	小计				
	总分				

任务 2.3 云南省 2013 版造价计价依据

2.3.1 任务目的
1. 熟悉云南省 2013 版造价计价依据的构成；
2. 掌握《云南省房屋建筑与装饰工程消耗量定额》的构成；
3. 熟悉建设工程定额的概念、特点、作用和分类；

4. 掌握预算定额（消耗量定额）的概念；

5. 了解单价的几组概念和单位估价表；

6. 掌握预算定额（指标）的应用；

7. 了解概算定额和概算指标、投资估算指标、施工定额、企业定额、工程造价指数。

2.3.2 任务要求

以个人为单位，完成学生工作页中规定的学习内容。

2.3.3 任务计划

任务计划时间 12 学时。

2.3.4 基础知识

云南省 2013 版造价计价依据

一、云南省 2013 版建设工程造价计价依据简介

《云南省 2013 版建设工程造价计价依据》（以下简称《2013 版计价依据》）2013 年 12 月 30 日发布，经审查通过，被批准为云南省工程建设地方标准，自 2014 年 4 月 1 日起在全省行政区内实施。《云南省 2003 版建设工程造价计价》依据自 2014 年 4 月 1 日起停止执行。凡 2014 年 4 月 1 日前已签订施工合同的工程，其计价办法继续按合同约定执行。

本计价依据的印发、勘误、解释、补充、修正等工作由省住房和城乡建设厅标准定额处具体负责。各有关单位在执行过程中，如有意见和建议请及时向省住房和城乡建设厅标准定额处反馈。

（一）2013 版计价依据主要包括

1.《云南省建设工程造价计价规则及机械仪器仪表台班费用定额》DBJ53/T—58—2013

2.《云南省市政工程消耗量定额》DBJ53/T—59—2013

3.《云南省园林绿化工程消耗量定额》DBJ53/T—60—2013

4.《云南省房屋建筑与装饰工程消耗量定额》DBJ53/T—61—2013

5.《云南省城市轨道交通工程消耗量定额》DBJ53/T—62—2013

6.《云南省通用安装工程消耗量定额》DBJ53/T—63—2013

7.《云南省房屋修缮及仿古建筑工程消耗量定额》DBJ53/T—64—2013

（二）2013 版计价依据的作用

1. 2013 版计价依据是编制工程量清单和工程招标控制价的标准；

2. 2013 版计价依据是编制投资估算、设计概算、施工图预算、工程结算、竣工决算，进行工程造价纠纷技术鉴定和行政调解的依据和基础；

3. 2013 版计价依据也是施工企业内部核算及管理，投标报价的参考依据。

（三）《云南省房屋建筑与装饰工程消耗量定额》DBJ53/T—61—2013 简介

《云南省房屋建筑与装饰工程消耗量定额》DBJ53/T—61—2013（以下简称本定额）分上、下两册，由总说明、建筑面积计算规则、实体项目、措施项目及附表五个部分组成。内容如下：

1. 总说明

（1）消耗量定额是指省建设行政主管部门依据国家现行的有关产品标准、设计规范、施工验收规范、质量评定标准和安全技术操作规程、施工现场文明安全施工及环境保护的

要求，根据合理的施工组织设计，按照正常施工条件下制定的，完成一个规定计量单位工程合格产品所必需人工、材料、机械台班的社会平均消耗量，除定额允许调整外，不得因具体的施工组织、操作方法、消耗量与定额不同时而调整。

（2）本定额是统一全省房屋建筑与装饰工程预、结（决）算项目编码、项目名称、计量单位和工程量计算规则的依据；是编制投资估算、设计概算、施工图预算、招标控制价、工程竣工结（决）算的依据；是施工企业内部核算和管理、投标报价的参考依据。

（3）本定额适用于云南省行政区域内的工业与民工建（构）筑物与装饰的新建、扩建、改建工程项目。本定额是以海拔高度在 2500 米以下施工条件为准编制的，如海拔高度超过 2500 米时，按照《云南省建设工程造价计价规则及机械仪器仪表台班费用定额》的相关规定执行（应计为特殊地区施工增加费）。

（4）本定额分为实体项目及可竞争的措施项目，实体项目消耗量不得调整。

（5）房屋建筑与装饰工程中的金属构件制作、安装，建筑工程防腐蚀、保温隔热工程，按《云南省通用安装工程消耗量定额》（公共篇）中的相应定额及其规定执行。

（6）定额中对工程量计算规则中的计量单位和工程量计算有效位数统一规定如下：

① "以体积计算"的工程量以"m^3"为计量单位，工程量保留小数点后两位数字；

② "以面积计算"的工程量以"m^2"为计量单位，工程量保留小数点后两位数字；

③ "以长度计算"的工程量以"m"为计量单位，工程量保留小数点后两位数字；

④ "以质量计算"的工程量以"t"为计量单位，工程量保留小数点后三位数字；

⑤ "以数量计算"的工程量以"台、块、个、套、件、根、组、系统"等位计量单位，工程量应取整数。定额各章计算规则另有具体规定，以其规定为准；

（7）凡在未停产车间内进行施工的工程，按该项工程的定额人工消耗量增加 10% 作为工效降低补偿，列入人工费；

（8）本定额中"×××以内"或"×××以下"者，均包括"×××"本身；"×××以外"或"×××以上"者，则不包括"×××"本身。

2. 建筑面积计算规则

详见《建筑面积计算规则》。

3. 实体项目

（1）第一章　土石方工程

（2）第二章　地基处理与边坡支护工程

（3）第三章　桩基工程

（4）第四章　砌筑工程

（5）第五章　混凝土及钢筋混凝土工程

（6）第六章　木结构工程

（7）第七章　门窗工程

（8）第八章　屋面及防水工程

（9）第九章　楼地面装饰工程

（10）第十章　墙、柱面与隔断、幕墙工程

（11）第十一章　天棚工程

（12）第十二章　油漆、涂料、裱糊工程

实体项目的每一章和措施项目的每一节，均包括章（节）说明、工程量计算规则和分项工程定额项目表。分项工程定额项目表的表头中说明了该分项工程的工程内容（本定额的工作内容中，对主要施工工序作了说明，次要工序未一一列出，但定额中均已包括）及计量单位；在项目表中标明了定额的编号、项目名称，列有人工费、材料费、机械费及汇总得出的定额基价。

定额中人工以"量价合一"的形式表现，即直接列出人工费；本定额基价中作为计费基础的人工费，除定额中规定允许调整外，不得因具体的人工消耗量与定额规定不同而调整。定额中规定允许调整工日的，按 63.88 元/工日计取。

定额中材料以"量价分离"的形式表现。定额中材料分计价材和未计价材。凡带有"（）"的消耗量的材料或半成品，为未计价材，定额基价中均不包括未计价材价值，其价值应根据"（）"内所列的定额消耗量，根据市场行情确定的市场价格计入造价；凡定额已注明单价的材料为计价材，其计价材料费已计入定额基价中。

分部分项工程中的主要材料或者是市场价格波动幅度较大，对造价影响较大的材料列为未计价材，在消耗量定额中以"（）"表示，括号内的数据为该未计价材料的消耗量，其价值未计入定额基价中，在造价计算时其价格按市场价格进入综合单价；分部分项工程中的辅助材料或者是市场价格相对稳定、用量相对较少，对造价影响程度不大的材料列为计价材，该材料价值已计入定额基价中，以减少造价人员查询市场价格的难度。

定额中机械以"量价分离"的形式表现，次要机械综合为其他机械费以"元"表示，定额未包括大型机械的基础、安装、拆除及场外运输费用，发生时另按相关规定计算。

有的分项工程定额项目表下部还列有附注，说明设计要求与定额规定不符时怎样进行调整以及其他应说明的问题。

5. 附表

附表一　混凝土及砂浆配合比

附表二　定额材料、成品、半成品损耗率表

本定额中的混凝土、砂浆均以半成品表示，水泥、砂、碎石等用量根据设计图纸要求，按照附表计算。本定额中的混凝土、砂浆等的配合比系确定工程造价使用，除实际有特殊要求、定额配合比表未列入的特种混凝土、特种砂浆外，与实际配合比不同时，不作调整。即附表中各项配合比仅供确定半成品预算价值使用，不作为实际施工用料的配合比。在实际施工中各种材料的需用量，应根据有关规程、规范的规定及试验部门提供的配合比用量配制。

二、建设工程定额体系

建设工程定额是与建设工程活动有关的各类定额的统称。包括投资估算指标、概算指标、概算定额、预算定额（消耗量定额）、企业定额及上述定额指标的基础定额（劳动定额、材料消耗定额、机械台班使用定额）。它是指完成工程内容所需消耗资源数量的标准，是计算建设工程造价（即工程计价）的重要依据之一。

（一）建设工程定额概述

1. 建设工程定额的概念

在社会生产中，为了生产某一合格产品，就必然要消耗一定数量的人工、材料、机械和资金。这种消耗数量，由于生产水平和生产条件的不同，在产品生产中所消耗的人工、材料、机械设备台班和资金各数额的多少也就不同。然而在一定的生产条件下，总有一个相对合理的数额。为此，规定完成某一单位合格产品的合理消耗标准就是生产性定额。

建设工程定额是专门为工程建设生产而制定的一种定额，是生产建设工程产品消耗资源的限额规定。具体而言，建设工程定额是指在正常的施工生产条件下，在合理劳动组织、合理使用材料和机械的条件下，完成单位合格产品所必须消耗的各种资源（人工、材料、施工机械设备及其资金）的数量标准。

不同的产品有不同的质量要求，因此，不能把定额看成是单纯的数量关系，而应看成是质和量的统一体。考察个别的生产过程中的因素不能形成定额。只能从考察总体生产过程中的各个生产因素，归结出社会平均必需的数量标准，才能形成定额。同时，定额反映的是一定时期的社会生产力水平。

2. 建设工程定额的特点

（1）科学性

建设工程定额的科学性首先表现在定额是在认真研究客观规律的基础上，自觉地遵守客观规律的要求，实事求是地制定的。因此，它能正确地反映单位产品生产所必需的消耗量，从而以最少的资源消耗取得最大的经济效果，促进劳动生产率的不断提高。

建设工程定额的科学性还表现在制定定额所采用的方法上，通过不断吸收现代科学技术的新成就，不断完善，形成一套严密的确定定额水平的科学方法。这些方法不仅在实践中已经行之有效，而且还有利于研究建筑产品生产过程中的资源利用情况，从中找出影响资源消耗的各种主客观因素，设计出合理的施工组织方案，挖掘生产潜力，提高企业管理水平，减少以至杜绝生产中的浪费现象，促进生产的不断发展。

（2）权威性（指导性）

建设工程定额具有很大权威，这种权威在一些情况下具有经济法规性质。权威性反映统一的意志和统一的要求，也反映信誉和信赖程度以及反映定额的严肃性。

建设工程定额权威性的客观基础是定额的科学性。只有科学的定额才具有权威，但是在社会主义市场经济条件下，它必然涉及各有关方面的经济关系和利益关系。赋予建设工程定额以一定的权威性，就意味着在规定的范围内，对于定额的使用者和执行者来说，不论主观上愿不愿意，都必须按定额的规定执行。在当前市场不规范的情况下，赋予建设工程定额权威性是十分重要的。但是在竞争机制引入工程建设的情况下，定额的水平必然会受到市场供求状况的影响，从而在执行中可能产生定额水平的浮动。

应该指出的是，在社会主义市场经济条件下，对定额的权威性不应该绝对化。定额毕竟是主观对客观的反映，定额的科学性会受到人们认识的局限。与此相关，定额的权威性也就会受到削弱和新的挑战。更为重要的是，随着投资体制的改革和投资主体多元化格局的形成，随着企业经营机制的转变，它们都可以根据市场的变化和自身的情况，自主的调整自己的决策行为。因此，一些与经营决策有关的建设工程定额的权威性特征就弱化了。

（3）系统性

建设工程定额是相对独立的系统，它是由多种定额结合而成的有机整体。它的结构复杂，有鲜明的层次和明确的目标。

建设工程定额的系统性是由建设工程的特点决定的。按照系统论的观点，建设工程就是庞大的实体系统。建设工程定额是为这个实体系统服务的。因而建设工程本身的多种类、多层次就决定了以它为服务对象的建设工程定额的多种类、多层次。从整个国民经济来看，进行固定资产生产和再生产的工程建设，是一个有多项工程集合体的整体。其中包括农林水利、轻纺、机械、煤炭、电力、石油、冶金、化工、建材工业、交通运输、邮电工程，以及商业物资、科学教育文化、卫生体育、社会福利和住宅工程等等。这些工程的建设都有严格的项目划分，如建设项目、单项工程、单位工程、分部分项工程；在计划和实施过程中有严格的逻辑阶段，如规划、可行性研究、设计、施工、竣工交付使用，以及投入使用后的维修。与此相适应必然形成建设工程定额的多种类、多层次。

（4）统一性

建设工程定额的统一性，主要是由国家对经济发展的有计划的宏观调控职能决定的。为了使国民经济按照既定的目标发展，就需要借助于某些标准、定额、参数等，对工程建设进行规划、组织、调节、控制。而这些标准、定额、参数必须在一定的范围内是一种统一的尺度，才能实现上述职能，才能利用它对项目的决策、设计方案、投标报价、成本控制进行比选和评价。

建设工程定额的统一性按照其影响力和执行范围来看，有全国统一定额，地区统一定额和行业统一定额等；按照定额的制定、颁布和贯彻使用来看，有统一的程序、统一的原则、统一的要求和统一的用途。

我国建设工程定额的统一性和建设工程本身的巨大投入和巨大产出有关，它对国民经济的影响不仅表现在投资的总规模和全部建设项目的投资效益等方面，而且往往还表现在具体建设项目的投资数额及其投资效益方面。因而需要借助统一的建设工程定额进行社会监督。

（5）稳定性与时效性

建设工程定额中的任何一种都是一定时期技术发展和管理水平的反映，因而在一段时间内表现出稳定的状态。稳定的时间有长有短，一般5～10年之间。保持定额的稳定性是维护定额的权威性所必需的，更是有效地贯彻定额所必需的。如果某种定额处于经常修改变动之中，那么必然造成执行中的困难和混乱，使人们感到没有必要去认真对待它，很容易导致定额权威性的损失。建设工程定额的不稳定也会给定额的编制工作带来极大的困难。

但是，建设工程定额的稳定性是相对的。当社会生产力向前发展了，定额就会与已经发展了的社会生产力不相适应。这样，它原有的作用就会逐渐减弱以至消失，这时就需要重新编制或修订了。

3. 建设工程定额的作用

在工程建设和企业管理中，确定和执行先进合理的建设工程定额是技术和经济管理工作中的重要环节。在工程项目的计划、设计和施工中，建设工程定额具有以下几方面的作用：

（1）建设工程定额是编制计划的基础

工程建设活动需要编制各种计划来组织与指导生产，而计划编制中又需要各种定额来作为计算人力、物力、财力等资源需要量的依据，定额是编制计划的重要基础。

（2）建设工程定额是确定工程造价的依据和评价设计方案经济合理性的尺度

工程造价是根据由设计规定的工程规模、工程数量及相应需要的劳动力、材料、机械设备消耗量及其他必须消耗的资金确定的。其中，劳动力、材料、机械设备的消耗量又是根据建设工程定额计算出来的，建设工程定额是确定工程造价的依据。同时，建设项目投资的大小又反映了各种不同设计方案技术经济水平的高低。因此，建设工程定额又是比较和评价设计方案经济合理性的尺度。

（3）建设工程定额是组织和管理施工的工具

建筑企业要计算、平衡资源需要量、组织材料供应、调配劳动力、签发任务单、组织劳动竞赛、调动人的积极因素、考核工程消耗和劳动生产率、贯彻按劳分配工资制度、计算工人报酬等，都要利用建设工程定额。因此，从组织施工和管理生产的角度来说，企业定额又是建筑企业组织和管理施工的工具。

（4）建设工程定额是总结先进生产方法的手段

建设工程定额是在平均先进的条件下，通过对生产流程的观察、分析、综合等过程制定的，它可以最严格地反映出生产技术和劳动组织的先进合理程度。因此，我们就可以以建设工程定额方法为手段，对同一产品在同一操作条件下的不同的生产方法进行观察、分析和总结，从而得到一套比较完整的、优良的生产方法，作为生产中推广的范例。由此可见，建设工程定额是实现工程项目，确定人力、物力和财力等资源需要量，有计划地组织生产，提高劳动生产率，降低工程造价，完成和超额完成计划的重要的技术经济工具，是工程管理和企业管理的基础。

4. 建设工程定额的分类

建设工程定额是一个综合概念，是建设工程造价计算（工程计价）与管理中各类定额的统称。为了适应能在不同客观条件下，对众多专业门类的工程造价计算（工程计价）、确定、控制和管理，需要编制一系列定额，形成了错综复杂的建设工程定额体系。为了对建设工程定额体系能有一个全面、概括的了解，可按照不同的原则和方法对其进行科学的分类。

（1）按建设工程定额反映的生产要素内容分类

生产的三要素是劳动者、劳动对象和劳动工具。所以，建设工程定额按生产要素可以分为人工消耗定额（简称人工定额，也称劳动定额）、材料消耗定额（简称材料定额）和机械台班使用定额（简称机械定额）三种。这三种定额是编制其他各种建设工程定额的基础，因此也称为基础定额。

① 人工消耗定额

人工消耗定额简称人工定额，也称劳动定额，是指在正常的施工技术组织条件下，完成单位合格产品所需的劳动消耗的数量标准。这个标准是国家和企业对工人在单位时间内完成产品数量、质量的综合要求。

人工消耗定额可用生产单位合格产品的时间来表示，同样也可用单位时间内生产的合格产品的数量来表示。因此人工消耗定额有时间定额和产量定额两种表现形式：

时间定额是指某种专业、某种技术等级的工人班组或个人在合理的劳动组织和合理使用材料的条件下，完成单位合格产品所必需的工作时间，包括准备与结束工作时间、基本工作时间、辅助工作时间、不可避免的中断时间及工人必需的休息时间。即：

$$时间定额 ＝ 准备与结束工作时间 ＋ 基本工作时间$$
$$＋ 辅助工作时间 ＋ 不可避免的中断时间 ＋ 休息时间$$

时间定额以"工日"为单位，每一工日按 8 小时计算。

产量定额是指在合理的劳动组织和合理使用材料的条件下，某种专业、某种技术等级的工人班组或个人在单位工日中应完成的合格产品的数量。

时间定额和产量定额两者互为倒数关系。即：时间定额×产量定额＝1。时间定额和产量定额都表示同一劳动定额项目的两种不同表现形式，它们都表示同一劳动定额，但各有其用途。时间定额以单位产品的工日数表示，便于计算完成某一分部分项工程所需的总工日数，便于核算工资，便于编制施工进度计划和计算工期；产量定额是以单位时间内完成的产品数量表示，具体、形象，可使劳动者的奋斗目标直观明确，便于小组分配施工任务、编制作业计划、考核劳动者的劳动效率和签发施工任务单。

② 材料消耗定额

材料消耗定额，简称材料定额，是指在合理使用材料的条件下，生产单位质量合格产品所需消耗的一定品种、规格的材料的数量标准，包括各种原材料、燃料、半成品、构配件、周转性材料等。

建筑材料是建筑安装企业进行生产活动、完成建筑产品的物化劳动过程的物质条件。在一般工业与民用建筑工程中，其材料费占整个工程费用的 60％～70％。因此，降低工程成本，在很大程度上取决于减少建筑材料的消耗量。工程施工中所消耗的材料，按其消耗的方式可分成两种：一种是在施工中一次性消耗的、构成工程实体的材料，如砌筑砖砌体用的标准砖，浇筑混凝土构件用的混凝土等，一般把这种材料成为实体性材料或主要材料或非周转性材料；另一种是施工中周转使用，其价值是分批分次地转移到工程实体中去的，这种材料一般不构成工程实体，它是为有助于工程实体的形成而是用并发生消耗的材料，如砌筑砖墙用的脚手架，浇筑混凝土用的模板等，一般把这种材料称为周转性材料。

a. 实体性材料

实体性材料消耗定额包括直接用于工程的材料、不可避免的施工废料和不可避免的材料损耗。其中，直接用于工程的材料，称为材料净用量；不可避免的施工废料和不可避免的材料损耗，称为材料合理损耗。即：

$$材料消耗量 ＝ 材料净用量 ＋ 材料合理损耗量$$

材料的合理损耗一般用材料损耗率表示，即：

$$材料损耗率 ＝ (材料合理损耗量 ÷ 材料净用量) × 100％$$

则：

$$材料消耗量 ＝ 材料净用量 × (1 ＋ 材料损耗率)$$

材料损耗率一般根据历史资料统计分析方法获得，然后汇编成表供编制定额时查用。

实体性材料消耗定额是通过现场技术测定法、实验室试验法、现场统计法、理论计算法等方法获得的。

现场技术测定法，主要是编制材料损耗定额。也可以提供编制材料净用量定额的参考数据。其优点是能通过现场观察、测定，取得产品产量和材料消耗的情况，为编制材料定额提供技术根据。

实验室试验法，主要是编制材料净用量定额。通过试验，能够对材料的结构、化学成分和物理性能以及按强度等级控制的混凝土、砂浆配合比作出科学的结论，为编制材料消耗定额提供有技术根据、比较精确的计算数据。用于施工生产时，需加以必要的调整后方可作为定额数据。

现场统计法，是通过对现场进料、用料的大量统计资料进行分析计算，获得材料消耗的数据。这种方法由于不能分清材料消耗的性质，因而不能作为确定材料净用量定额和材料损耗定额的依据。

理论计算法是运用一定的数学公式计算材料消耗定额。

下面介绍几种材料净用量的计算公式。

每 $1m^3$ 不同厚度的砖墙，其砖（块）和砂浆（m^3）的净用量计算公式：

$$A = \frac{K}{墙厚 \times (砖长 + 灰缝) \times (砖厚 + 灰缝)}$$
$$B = 1 - A \times 每块砖的体积$$

式中 　A——砖的净用量（块）；

　　　　B——砂浆的净用量（m^3）；

　　　　K——墙厚的砖数$\times 2$（墙厚的砖数指$\frac{1}{2}$砖、1 砖、1 $\frac{1}{2}$砖、2 砖……）；

　　灰缝——指灰缝的厚度（m）。

每 $1m^3$ 砌块墙，其砌块（块）和砂浆（m^3）的净用量计算公式：

$$A = \frac{K}{墙厚 \times (砖长 + 灰缝) \times (砖厚 + 灰缝)}$$
$$B = 1 - A \times 每块砌块的体积$$

式中 　A——砌块的净用量，（块）；

　　　　B——砂浆的净用量，（m^3）；

　　灰缝——指灰缝的厚度（m）。

每 $1m^2$ 墙面（地面），其墙面砖（地砖）的净用量（块）计算公式：

密铺： 　　　　$$A = \frac{1}{砖长 \times 砖宽}$$

稀铺： 　　$$A = \frac{1}{(砖长 + 灰缝) \times (砖宽 + 灰缝)}$$

叠铺： 　　$$A = \frac{1}{(砖长 - 灰缝) \times (砖宽 - 灰缝)}$$

式中 　A——砖的净用量，（块）。

b. 周转性材料

建筑工程中使用的周转性材料，是指在施工过程中能多次使用，反复周转的工具性材料，如各种模板、活动支架、脚手架、支撑、挡土板等。定额中周转性材料消耗量指标应当用一次使用量和摊销量两个指标来表示。一次使用量是指周转性材料在不重复使用时的一次使用量，供施工企业组织施工用；摊销量是指周转性材料退出使用后应分摊到每一定计量单位的结构构件的周转性材料消耗量，供施工企业成本核算或工程计价用。周转性材料的定额数量是指每使用一次摊销的数量，是按多次使用、分次摊销的办法确定的。

③ 机械台班使用定额

机械台班使用定额，简称机械定额，是指在正常施工生产条件及合理的劳动组合和合理使用施工机械的条件下，生产单位合格产品所需消耗的一定品种、规格施工机械的作业时间标准。

机械台班使用定额的表现形式有机械时间定额和机械产量定额两种，两者互为倒数关系。即：机械时间定额×机械产量定额＝1。

机械时间定额是指在正常的施工生产条件下，某种机械生产合格单位产品所必须消耗的台班数量。工人使用一台机械，工作一个工作班（8小时），称为一个台班。

机械产量定额是指某种机械在合理的施工组织和正常施工的条件下，单位时间内完成合格产品的数量。

（2）按建设工程定额编制程序和用途分类

建设工程定额按编制程序和用途可分为施工定额（企业定额）、预算定额（在云南称之为消耗量定额，一般简称"定额"）、概算定额、概算指标、投资估算指标五种。

（3）按建设工程定额适用专业性质分类

建设工程定额按适用专业性质可分为建筑工程定额、建筑装饰装修工程定额、设备安装工程定额、市政工程定额、公路工程定额、铁路工程定额、水利工程定额等。

（4）按建设工程定额编制单位和执行范围分类

按建设工程定额编制单位和执行范围可分为全国统一定额、行业统一定额（主管部定额）、地区统一定额（地方定额）、企业定额（施工定额）、补充定额五种。

（二）预算定额（消耗量定额）

1. 预算定额的概念

预算定额是指在正常合理的施工条件下，规定完成一定计量单位合格的分项工程或结构构件所需的人工、材料和施工机械台班消耗数量标准。它是工程建设中一项重要的技术经济指标。这种指标反映了施工企业在完成施工任务中所消耗的人工、材料、机械的社会（行业）平均水平，最终决定着建设工程所需的物质资料和建设资金。可见，预算定额是计算建设工程造价（工程计价）的重要依据之一。如：砌筑 10m³ 一砖厚混水砖墙，需人工费 912.21 元；标准砖 5.300 千块；砌筑混合砂浆 2.396m³；水 1.060m³；200L 的灰浆搅拌机 0.399 台班。

2. 预算定额的性质

工程建设的技术经济特点决定了计算建设项目投资、建设工程造价或建筑安装工程价格，必须通过特定的方法单件性地进行。即按设计图纸和工程量计算规则计算出工程数量，然后借助于某些可靠的参数来计算人工、材料、机械消耗量，并在此基础上计算出资金的需求量。在我国现行的工程建设概、预算制度下，可通过编制预算定额、概算定额、概算指标等测算单位产品的人工、材料、机械消耗量，为计算工程建设投资费用提供统

一、可靠的技术经济参数。由于概、预算定额和其他费用指标反映社会（行业）的平均水平，因此它们在建设工程计价和定价中具有权威性。这些定额和指标成为建设单位和施工企业建立经济关系的共同参照物，也是设计单位、咨询机构和专业投资银行的工作依据。

过去在计划经济体制条件下，我国政府曾赋予预算定额和一些费用定额具有法令性质，但定额的法令性在市场经济条件下受到了挑战，使预算定额的法令性逐渐淡化。但是并不等于说预算定额从此退出历史舞台，它作为统一的参数，在相当大的范围内，仍将具有很大的权威性，目前仍是建设工程计价、定价的重要参考依据。

3. 预算定额的水平

预算定额不同于施工定额，它不是企业内部使用的定额，不具有企业定额的性质。预算定额是一种具有广泛用途的计价定额，因此须按照价值规律的要求，以社会必要劳动时间来确定预算定额水平。即以本地区、现阶段、社会（或行业）正常生产条件及平均劳动熟练程度和劳动强度来确定预算定额水平。这样的定额水平，才能反映社会必要劳动消耗，才能使大多数施工企业，经过努力能够用产品的价格收入来补偿生产中的消耗，并取得合理的利润。

预算定额是以施工定额为基础编制的，二者有着密切联系。但预算定额绝不是简单地套用施工定额。首先，预算定额是若干项施工定额的综合。一项预算定额不仅包括了若干项施工定额的内容，还应包括了更多的可变因素，因此需考虑合理的幅度差。其次，要考虑两种定额的不同定额水平。预算定额的水平是社会平均水平，而施工定额则是企业平均先进水平。二者相比较，预算定额的水平应相对低一些，但应限制在一定范围内。所谓定额水平，是指规定消耗在单位合格产品上的人工、材料和机械数量的多少。消耗的多，则说明定额水平低；消耗的少，则说明定额水平高。

4. 预算定额的内容构成

为了便于编制预算定额消耗量，使编制人员能够准确地确定各分项工程和人工、材料和机械台班消耗量指标及相应的货币价值表现的指标，将预算定额按一定的顺序汇编成册，以《云南省房屋建筑与装饰工程消耗量定额》为例，预算定额手册的内容由以下内容构成：

（1）建设部或各省、自治区、直辖市、行业主管部门的造价管理机构发布的文件

该文件是预算定额手册具有法令性的必要依据。该文件明确规定了该版本预算定额手册的执行时间、适用范围，并说明了该版本预算定额手册的解释权和管理权。

（2）总说明

在总说明中，主要阐述该册预算定额的用途、编制依据和原则、适用范围，说明消耗量定额中已经考虑和未考虑的因素以及使用中应注意的事项和有关问题的说明。

（3）建筑面积计算规则

建筑工程建筑面积计算规则严格、系统地规定了计算建筑面积的内容、范围和计算规则，这是正确计算建筑面积的前提条件，从而使全国各地的同类建筑产品的计划价格有一个科学的可比性。如对结构类型相同的建筑物，可通过计算单位建筑面积造价，进行计算经济效果分析和比较。

（4）目录

（5）分部工程定额说明

分部工程说明是预算定额手册的重要内容，它主要阐述了该分部工程中各分项工程的工程量计算规则和方法以及分部工程定额内综合的内容及允许换算的有关规定。

（6）分项工程定额项目表

这是预算定额的主要组成部分，是以分部工程归类，又按不同内容划分为若干分项工程项目排列的定额项目表。在项目表的表头中说明了该分项工程的工作内容及计量单位；在项目表中标明了定额的编号、项目名称，列有人工、材料、机械的名称、单位、单价及数量标准，以及据此计算出的人工费单价、材料费单价、机械费单价和汇总的定额基价。有的项目表下部还列有附注，说明了设计要求与定额规定不符时怎样进行调整，以及其他应说明的问题。

（7）附录或附表

附录或附表列在预算定额的最后面，是配合预算定额使用的一部分内容。如《云南省建筑工程消耗量定额》的附录包括砂浆配合比表、混凝土配合比表等。

（三）关于单价的几组概念

单价是指某种商品单位数量的价格。例如，一个足球的价格是 100.00 元，就说该足球的单价是 100.00 元。单价是相对于合价或总价而言的，通常单价乘以数量就等于合价或总价。例如买了 10 个单价是 100.00 元的足球，合价或总价就是 100.00×10＝1000.00 元。

1. 人工单价

人工单价，也叫人工工日单价，又称人工工资标准，是指直接从事建筑安装工程施工的生产工人一个工作日在消耗量中按现行有关政策法规应计入的全部人工费用，包括基本工资、工资性补贴、辅助工资、职工福利费、劳动保护费。社会平均工资水平、生活费指数、人工单价的组成内容、劳动力市场供需变化、政府推行的社会保障和福利政策等是影响人工单价的因素。目前我国的人工单价多采用综合人工单价的形式，即根据综合取定的不同工种、不同技术等级的工人的人工单价，以及相应的工时比例进行加权平均所得的，能反映工程建设中生产工人一般价格水平的人工单价。

2. 材料单价

材料单价，也叫材料预算价格，是指材料（构成工程实体的原材料、辅助材料、构配件、零件、半成品）从其来源地（或交货地点）运至施工工地仓库（或施工现场材料存放点）后的出库价格。材料从采购、运输到保管，在使用前发生的全部费用，构成了材料单价。材料单价包括了材料原价（材料供应价）、材料运杂费（包括包装费，装卸费，运输费，调车、驳船费，附加工作费）、运输损耗费、采购及保管费（包括采购费，仓储费，工地保管费，仓储损耗等）。

根据以上材料单价的组成内容，材料单价的计算公式可表示为：

材料单价 ＝ 材料原价＋材料运杂费＋运输损耗费＋采购及保管费

（1）材料原价的确定

在确定原价时，一般采用询价的方法确定该材料的出厂价或供应商的批发牌价和市场采购价。从理论上讲，不同的材料均应分别确定其单价；同一种材料，因产地或供应单位的不同而有几种原价时，应考虑不同来源地的供应数量及不同的单价，计算出加权平均原价。计算公式为：

$$加权平均材料原价 = \frac{\sum_{i=1}^{n}（材料原价 \times 材料数量）i}{\sum_{i=1}^{n} 材料数量 i}$$

式中，i 是指不同的材料供应商。

（2）材料运杂费的确定

① 包装费。包装费的计算分以下两种情况而定：

a. 材料出厂时已经包装者，其包装费一般已计入材料原价内，不再另行计算。但材料运到现场或使用后，要对包装材料进行回收，其回收价值应冲减材料单价。包装材料的回收价值可按下式计算：

$$包装材料回收价值 = \frac{包装材料原值 \times 回收率 \times 回收价值率}{包装材料数量}$$

b. 材料由采购部门自备包装的，其包装费按下式计算：

$$包装费 = \frac{包装材料原值 \times (1 - 回收率 \times 回收价值率)}{包装材料数量}$$

② 运输、装卸等费用。运输、装卸等费用的确定，应根据材料的来源地、运输里程、运输方式，并根据国家有关部门或地方政府交通运输管理部门规定的运价标准分别计算。

同一品种的材料，若供货来源地不同且供货数量不同时，根据不同来源地的供应数量及不同的单价，计算出加权平均运输费，计算公式为：

$$加权平均运输费 = \frac{\sum_{i=1}^{n}(运输单价 \times 材料数量)i}{\sum_{i=1}^{n}材料数量\ i}$$

式中，i 是指不同的材料供应商。

（3）运输损耗费的确定

运输损耗费 ＝（材料原价 ＋ 材料运杂费）× 相应材料运输损耗率

各类材料运输损耗率见表 2-1。

各类材料的运输损耗率	表 2-1
材料类别	损耗率（%）
机红砖、空心砖、砂、水泥、陶粒、耐火土、水泥地面砖、白瓷砖、卫生洁具、玻璃灯罩	1
机制瓦、脊瓦、水泥瓦	3
石棉瓦、石子、耐火砖、玻璃、色石子、大理石板、水磨石板、混凝土管、缸瓦管	0.5
砌块	1.5

（4）采购及保管费的确定

采购及保管费一般按照材料到库价格乘以一定的费率计算。计算公式如下：

采购及保管费＝材料运到工地仓库的价格×采购及保管费率

或：采购及保管费＝（材料原价＋材料运杂费＋材料运输损耗费）×采购及保管费率

采购及保管费率由各地区统一规定。云南省规定的采购及保管费率为 2%，根据不同供料分工情况，采购及保管费率的取值分配如下：

① 建设单位负责采购、订货，并将材料运至施工工地指定地点，施工单位在现场验收并进行保管，则施工单位收取采购及保管费率 0.5%，其余 1.5% 应扣还给建设单位。

② 建设单位负责采购、订货，并将材料运至建设单位工程所在地的基建仓库，施工单位负责其余路程的运输并进行保管，则施工单位收取采购及保管费率 1%，其余 1% 应

扣还给建设单位。

③ 建设单位只负责订货，其余由施工单位完成，则施工单位收取采购及保管费率2%。

3. 机械台班单价

机械台班单价是指一台施工机械在正常运转条件下，在一个工作班中所分摊和支出的各项费用。机械台班单价由折旧费、大修理费、经常修理费、安拆费及场外运费、人工费、燃料动力费、其他费用组成。

4. 人工费单价

人工费单价是指完成定额规定的一定计量单位的分部分项工程所需的人工费用，可以根据定额规定的分部分项工程人工消耗量乘以人工单价获得，即：

$$人工费单价＝分部分项工程定额人工消耗量×人工单价$$

5. 材料费单价

材料费单价是指完成定额规定的一定计量单位的分部分项工程所需的材料费用，可以根据定额规定的分部分项工程各种材料消耗量乘以相应的材料单价汇总后获得，即：

$$材料费单价 = \sum(分部分项工程定额材料消耗量×材料单价)$$

6. 机械费单价

机械费单价是指完成定额规定的一定计量单位的分部分项工程所需的机械费用，可以根据定额规定的分部分项工程各种机械消耗量乘以相应的机械台班单价汇总后获得。即：

$$机械费单价 = \sum(分部分项工程定额机械消耗量×机械台班单价)$$

7. 分部分项工程单价

分部分项工程单价即分部分项工程项目的单价，是单位假定建筑安装工程产品的不完全价格，指完成定额规定的一定计量单位的分部分项工程所需的人工费用、材料费用、机械费用的总和。分部分项工程单价仅仅包括了人工费单价、材料费单价和机械费单价。即：

$$分部分项工程单价＝人工费单价＋材料费单价＋机械费单价$$

在预算定额中列出的"基价"应视作该定额编制时的分部分项工程单价。

8. 综合单价

工程量清单计价中的综合单价，除了包括"人工费、材料费、机械费"外，还包括"管理费、利润"。具体内容见后。

9. 完全单价

完全单价除了包括"人工费、材料费、机械费"外，还包括"管理费、利润、税金"等。

（四）单位估价表

预算定额是确定一定计量单位的分部分项工程或结构构件所需各种消耗量标准的文件，主要是研究和确定定额消耗量，而单位估价表（也称地区单位估价表）则是在预算定额所规定的各项消耗量的基础上，根据所在地区的人工工资、物价水平，确定人工单价、材料单价、机械台班单价，从而用货币形式表达预算定额中每一分部分项工程项目单价的计算表格。

《全国统一建筑工程基础定额》作为消耗量定额，只规定了每一个分部分项工程及其子目的人工、材料、机械台班的消耗量标准，没有用货币形式表达。为了便于编制施工图预算，各省、自治区、直辖市，一般多采用消耗量定额与单位估价表合并在一起的形式，编成某省、自治区、直辖市建筑工程消耗量定额，统称为"消耗量定额"（即预算定额）。

在定额中既能反映全国统一定额规定的人工、材料、机械台班的消耗量指标,又能有各地区统一的人工、材料和机械台班消耗量的货币表达,从而发挥计价性定额的作用。

对于全国统一消耗量定额项目不足的,可由地区建设主管部门补充。个别特殊工程或大型建设工程,当不适用统一的地区单位估价表时,履行向主管部门申报和审批程序,单独编制单位估价表。

对于这种"量"、"价"合一的消耗量定额(即预算定额),在我国计划经济和价格比较稳定的条件下是适用的,但随着社会主义市场经济的建立与完善,建筑业经营机制的转换,工程建设招标投标制的广泛推行,建筑市场激烈竞争的存在,"量"、"价"合一的消耗量定额已阻碍了建筑企业的发展,已不能适应社会主义市场经济的需要。消耗量定额中的"价"只能作为参考,具体的人、材、机单价则由建筑企业根据实际情况确定。

(五)预算定额(指标)的应用

1. 学习、理解、熟记定额(指标)

为了正确地运用定额(指标),计算工程所需的人工、材料、机械消耗量,编制工程概预算,进行技术经济分析,应认真学习定额(指标)。

首先,要浏览定额(指标)目录,了解定额(指标)的分部、分项工程是如何划分的。因为,不同的定额(指标)其分部、分项工程的划分方法是不一样的。有的是以材料、工种及施工顺序划分的;而有的则以结构和施工顺序划分,而且分项工程的含义(其所包括的工作内容)也不完全相同。只有掌握定额(指标)分部、分项工程的划分方法,了解定额(指标)分项工程所包含的工作内容,才能正确地、合理地将单位工程分解成若干分部、分项工程,并罗列出整个单位工程所包含的全部分部、分项工程的名称,为下一步计算工程量作准备。

其次,要学习定额(指标)的总说明、分部说明。说明中指出的定额(指标)编制原则、编制依据、适用范围、已经考虑和尚未考虑的因素以及其他有关问题的说明,是正确套用定额(指标)、换算定额(指标)和补充定额(指标)的前提条件。建筑安装产品的多样性以及新结构、新技术、新材料的不断涌现,使现有定额(指标)不能完全适用,就需要补充定额(指标)或对原有定额作适当修正(换算),而总说明、分部说明则为补充定额(指标)、换算定额(指标)提供了依据,指明了路径。因此必须认真学习,深刻理解,尤其对定额(指标)换算的条款,要逐条阅读,不求背出,但求"留痕"。

再次,要熟悉定额项目表,能看懂定额项目表内的"三个量"(定额人工消耗量、定额材料消耗量、定额机械台班消耗量)的确切含义。如材料消耗量是指材料总的消耗量(包括净用量和损耗量)。对常用的分项工程定额所包含的工程内容,要联系工程实际,逐步加深印象。

最后,要认真学习,正确理解实践联系,掌握建筑面积计算规则和分部、分项工程量计算规则。

只有在学习、理解、熟记上述内容的基础上,才能依据设计图纸和定额(指标),不遗漏也不重复地确定工程量计算项目,正确计算工程量,准确地选用定额或正确地换算定额或补充预算定额,以编制工程概预算。只有这样,才能运用定额(指标)作好其他各项工作。

2. 选用定额

使用定额,包含两方面的内容:一是根据定额分部、分项工程划分方法和工程量计算规则以及设计施工图，列出所有分部分项工程的项目名称，并且正确计算出其工程量。这方面的内容将在后续课程中详细介绍。另一是正确选用定额（套定额），并且在必要时换算定额或补充定额。

要正确选用定额，首先必须了解定额分部分项工程的含义，即了解分部分项工程所包含的工作内容。它可以从定额总说明、分部说明、项目表表头工作内容栏中去了解，也可以且应该从项目表中的人工、材料、机械消耗量中去琢磨。只有这样才能对定额分项工程的含义有较深的了解。其次，要了解有关正确使用定额的规定，如定额不必（不宜）调整的规定，定额建议按实计算的规定，定额中建议换算的规定（为了减少定额的篇幅，减少定额的子目，在编制定额时常有意地留下部分活口，允许定额在适当的条件下，按规定的方法进行调整和换算以增加定额子目的适用性。定额中建议换算的内容有：混凝土、砂浆强度等级配合比换算，材料断面换算，地面、墙面抹灰层厚度换算，特殊条件下的人工、材料、机械消耗量换算等。这些换算的条件和换算方法常见于分部说明）。

在选用定额（俗称套定额）时，会碰到以下三种情况：

（1）设计要求和施工方案（方法）与定额分项工程的工作内容完全一致——对号入座，直接选用定额。

（2）设计要求和施工方案（方法）与定额分项工程内容基本一致，但有部分不同——此时又分两种情况：

① 定额已综合考虑，不必（不宜）换算——"强行入座"、"生搬硬套"，仍选用原定额子目。

② 定额建议换算调整后选用——先换算后选用。选用时，仍使用原来的定额名称和编号，只是将定额名称作相应修正，在原定额编号后再加注一下标"换"字，以示该定额子目已经换算了。

（3）设计要求或施工工艺在定额内没有，是定额的缺项——"补"足为凭。先补充定额，然后再套用。

3. 换算定额

定额是有科学性和严肃性，一般情况下不允许任何人，任何工程强调自身的特殊性，对定额进行随意的换算。定额换算的前提条件是定额建议（允许）换算。换算定额，是指将消耗量定额中规定的内容与施工图纸要求不相一致的部分，进行更换或调整，取得相一致的过程。定额的换算，实质就是定额基价的调整。但是，定额换算一定要按照定额规定的换算范围和方法进行。

定额换算的方法大致有以下几种：

（1）系数换算

系数换算是指按定额规定，在使用某些消耗量定额项目时，定额的人工、材料、机械台班消耗量须乘上一定的系数。如《云南省房屋建筑与装饰工程消耗量定额》中规定，如人工挖湿土时，人工乘以 1.18；弧形砖基础套用基础定额，其人工乘以系数 1.10 等。

（2）材积换算

如木门框断面设计与定额不同时，可按比例换算。

$$换算后的消耗量 = \frac{设计断面面积(加刨光损耗)}{定额断面面积} \times 定额消耗量$$

刨光损耗中，若一面刨光时，加 3mm，两面刨光时加 5mm，圆木每立方米材积增加 0.05m³。

（3）混凝土、砂浆强度等级的换算

如混凝土、砂浆设计强度等级与定额不一致时，可以换算，减去定额混凝土、砂浆的消耗量，增加新的混凝土、砂浆的消耗量。

（4）块料用量换算

当设计图纸规定的块料规格品种与消耗量定额的块料规格品种不同时，就要进行块料用量换算。

4. 补充定额

（1）编制补充定额的原因

编制补充定额的直接原因是定额缺项，而根本原因是：

① 设计中采用了定额项目中没有的新材料；

② 施工中采用了定额没有包括的施工工艺或新的施工机械；

③ 结构设计上采用了定额没有的新的结构做法。

（2）编制补充定额的基本要点

① 定额分部工程范围划分（即属于哪个分部），分项工程的工作内容及其计量单位，应与现行定额中同类项目保持一致；

② 材料损耗率必须符合现行定额的规定；

③ 数据计算必须实事求是。

（3）补充定额具体编制方法

①人工消耗量的确定

a. 根据全国统一劳动定额计算，考虑辅助用工、超运距用工和人工幅度差。这种方法比较准确，但工作量大，计算复杂；

b. 比照类似定额项目的人工消耗量；

c. 根据实际消耗量计算。

$$补充定额人工消耗量 = \frac{实际人工消耗量}{实际完成工程量}$$

采用这种方法，数据必须可靠、可信，应以现场施工日记记录为准。它比较方便，但往往把不合理的人工消耗量也计入定额消耗量内，不尽合理。

② 材料消耗量的确定

a. 以理论方法计算出材料净用量，然后再查找出该材料的定额损耗率，这种方法适用于主要材料；

$$补充定额材料消耗量 = 材料净用量 \times (1 + 损耗率)$$

b. 参照类似定额材料消耗量，按比例计算。这种方法适用于次要材料；

c. 按实计算。采用这种方法，数据必须可靠、可信，应以材料领料单为准，它的缺点是将材料不合理的损耗也计入定额消耗量内。

$$补充定额材料消耗量 = \frac{实际材料消耗量}{实际完成工程量}$$

③ 机械消耗量的确定

a. 按全国统一劳动定额计算；

b. 参照类似定额机械消耗量，对比确定；

c. 按实计算。

$$定额机械消耗量 = \frac{实际机械台班使用量}{实际完成工程量}$$

（六）概算定额和概算指标

1. 概算定额

概算定额是指完成一定计量单位的扩大分项工程或扩大结构构件所需的人工、材料和施工机械台班的消耗数量标准。概算定额是在相应预算定额（消耗量定额）基础上，根据有代表性的设计图纸及通用图集、标准图和有关资料，将预算定额（消耗量定额）中的若干相关项目合并、综合和扩大编制而成的，以达到简化工程量计算和编制设计概算的目的。例如，在概算定额中的"砖基础"工程，往往把预算定额（消耗量定额）中的挖地槽、基础垫层、砌筑基础、敷设防潮层、回填土、余土外运等项目，合并为一项砖基础工程。

2. 概算指标

概算指标是指以整个建筑物或构筑物为研究对象，以建筑面积、体积或成套设备装置的台或组为计量单位，规定的人工材料、施工机械台班的消耗量标准和造价指标。概算指标比概算定额更加综合，概算指标中各种消耗量指标的确定，主要来源于各种消耗量资料或结算资料。

（七）投资估算指标

投资估算指标是确定和控制建设项目全过程各项投资支出的技术经济指标，其范围涉及建设前期、建设实施期和竣工验收交付使用期等各个阶段的费用支出。投资估算指标比其他各种计价定额具有更大的综合性和概括性。

（八）施工定额

施工定额是以"工序"为研究对象编制的定额。它由劳动定额、材料定额和机械定额三个相对独立的部分组成。为了适应组织生产和管理的需要，施工定额的项目划分很细，是建设工程定额中分项最细、定额子目最多的一种定额，也是建设工程定额中的基础性定额。施工定额又是施工企业组织施工生产和加强管理，在企业内部使用的一种定额，属于企业生产定额的性质。施工定额是作为编制工程的施工组织设计、施工预算、施工作业计划、签发施工任务单、限额领料及结算计件工资或计量奖励工资等的依据，同时也是编制预算定额的基础。

（九）企业定额

企业定额是建筑安装企业在合理的劳动组织和正常的施工条件下，根据企业自身的技术水平和管理水平、施工设备配备情况、材料来源渠道等而制定的为完成单位合格产品所必需的人工、材料、施工机械台班消耗量的数量标准和其他各项费用取费标准。

企业定额反映企业的施工生产与生产消耗之间的数量关系，是施工企业生产力水平的体现。每个企业均应拥有反映自己企业能力的企业定额。企业的技术和管理水平不同，企业定额的定额水平也不同。它包括量、价两部分，量体现在定额消耗水平上，而价则反映在实现工程量清单报价的过程中。工程量清单计价方法实施的关键在于企业自主报价。施工企业要想在竞争中占有优势，就必须按照自己的具体施工条件、施工设备和技术专长来确定报价，而企业自主报价的基础来自于企业定额。依据企业定额对工程量清单实施报价，能够较为准确地体现施工企业的实际管理水平和施工水平。因此，企业定额是施工企业直接用于投标报价、施工管理与成本核算的基础和依据，从一定意义上来说，企业定额是企业的商业秘密，是企业参与市场竞争的核心竞争力的具体表现。

（十）工程造价指数

1. 工程造价指数的概念

指数是用来统计研究社会经济现象数量变化幅度和趋势的一种特有的分析方法和手段。

指数按其所反映的现象范围的不同分类，可以分为个体指数和总体指数。个体指数是反映个别现象变动情况的指数。总体指数是综合反映不同度量的现象动态变化的指数。

指数按其编制方法的不同分类，可以分为综合指数和平均数指数。

指数按照采用的基期不同分类，可以分为定基指数和环比指数。当对一个时间数列进行分析时，计算动态分析指标通常用不同时间的指标值作对比。在动态对比时作为对比基础时期的水平，称基期水平；所要分析的时期（与基期相比较的时期）的水平，叫报告期水平或计算期水平。定基指数是指各个时期指数都是采用同一固定时期为基期计算的，表明社会经济现象对某一固定基期的综合变动程度的指数。环比指数是以前一时期为基期计算的指数，表明社会经济现象对上一期或前一期的综合变动的指数。定基指数或环比指数可以连续将许多时间的指数按时间顺序加以排列，形成指数数列。

工程造价指数是反映一定时期由于价格变化对工程造价影响程度的一种指标，它是调整工程造价价差的依据。工程造价指数反映了报告期与基期相比的价格变动趋势，利用它来研究实际工作中的下列问题很有意义：

（1）可以利用工程造价指数分析价格变动趋势及其原因；

（2）可以利用工程造价指数估计工程造价变化对宏观经济的影响；

（3）工程造价指数是工程承发包双方进行工程估价和结算的重要依据。

2. 工程造价指数包括的内容及其特性分析

工程造价指数的内容应该包括：

（1）各种单项价格指数

这其中包括了反映各类工程的人工费、材料费、施工机械使用费报告期价格对基期价格的变化程度的指标。可利用它研究主要单项价格变化的情况及其发展变化的趋势。其计算过程可以简单表示为报告期价格与基期价格之比。依此类推，可以把各种费率指数也归于其中。例如，其他直接费指数、间接费指数，甚至工程建设其他费用指数等。这些费率指数的编制也可以直接用报告期费率与基期费率之比求得。很明显，这些单项价格指数都属于个体指数。其编制过程相对比较简单。

（2）设备、工器具价格指数

设备工器具的种类、品种和规格很多。设备、工器具费用的变化通常是由两个因素引起的，即设备、工器具单件采购价格的变化和采购数量的变化，并且工程所采购的设备、工器具是由不同规格、不同品种组成的。因此，设备工器具价格指数属于总指数。由于采购价格与采购数量的数据无论是基期还是报告期都比较容易获得，因此，设备、工器具价格指数可以用综合指数的形式表示。

（3）建筑安装工程造价指数

建筑安装工程造价指数也是一种综合指数，其中包括了人工费指数、材料费指数、施工机械使用费指数及间接费指数等。由于建筑安装工程造价指数相对比较复杂，涉及的方面较广，利用综合指数来进行计算分析难度较大。因此，可以通过对各项个体指数的加权平均，用平均数指数的形式来表示。

（4）建设项目或单项工程造价指数

该指数是由设备、工器具价格指数、建筑安装工程造价指数、工程建设其他费用指数综合得到的。它也属于总指数，并且与建筑安装工程造价指数类似，一般也用平均数指数的形式来表示。

当然，根据造价资料的期限长短来分类，也可以把工程造价指数分为时点造价指数、月指数、季指数和年指数等。

3. 工程造价指数的编制

（1）各种单项价格指数的编制

① 人工费、材料费、施工机械使用费等价格指数的编制

这种价格指数的编制可以直接用报告期价格与基期价格相比后得到。其计算公式如下：

$$人工费（材料费、施工机械使用费）价格指数 = \frac{P_n}{P_0}$$

式中 P_n——报告期人工日工资单价（材料单价、机械台班单价）；

P_0——基期人工日工资单价（材料单价、机械台班单价）。

② 管理费及工程建设其他费等费率指数的编制

$$管理费（工程建设其他费等）费率指数 = \frac{P_n}{P_0}$$

式中 P_n——报告期其他直接费（间接费、工程建设其他费）费率；

P_0——基期其他直接费（间接费、工程建设其他费）费率。

（2）设备、工器具价格指数的编制

$$设备、工器具价格指数 = \frac{\sum（报告期设备工器具单价 \times 报告期购置数量）}{\sum（基期设备工器具单价 \times 报告期购置数量）}$$

（3）建筑安装工程价格指数

建筑安装工程价格指数

$$= \frac{报告期建筑安装工程费}{\dfrac{报告期人工费}{人工费指数} + \dfrac{报告期材料费}{材料费指数} + \dfrac{报告期机械费}{机械费指数} + \dfrac{报告期建安工程其他费用}{建安工程其他费用综合指数}}$$

（4）建设项目或单项工程造价指数

建设项目或单项工程指数

$$= \frac{报告期建设项目或单项工程造价}{\dfrac{报告期建安工程费}{建安工程造价指数} + \dfrac{报告期设备、工器具费用}{设备、工器具价格指数} + \dfrac{报告期工程建设其他费用}{工程建设其他费指数}}$$

2.3.5 任务工作页

专业		授课教师	
工作项目	建设工程造价计价依据	工作任务	云南省 2013 版造价计价依据

<table>
<tr>
<td rowspan="6">知识学习与任务完成过程</td>
<td>
1. 根据老师的指导，浏览《云南省建设工程造价计价规则及机械仪器仪表台班费用定额》DBJ53/T—58—2013 和《云南省房屋建筑与装饰工程消耗量定额》DBJ53/T—61—2013。

2. 根据《云南省房屋建筑与装饰工程消耗量定额》DBJ53/T—61—2013，完成 10m³ 断面周长为 1.7m 的现浇混凝土矩形柱，需要人工费（　　　　）；C20 现浇混凝土（　　　　），草席（　　　　），水（　　　　）；出料容量为 500L 的强制式电动混凝土搅拌机（　　　　），插入式混凝土振捣器（　　　　），装载质量为 1t 的机动翻斗车（　　　　）。人工费为（　　　　），材料费为（　　　　），机械费为（　　　　），基价为（　　　　），基价中不包括（　　　　）的价值。

3. 简述建设工程定额的概念、特点和作用。

4. 试计算 1m³ 一砖厚（使用标准砖）的砖墙，其砖（块）和砂浆（m³）的净用量。

5. 简述预算定额的概念、性质、水平和内容构成。

6. 根据下表计算某地区 DN25 镀锌钢管的材料单价（元/m）。
</td>
</tr>
</table>

镀锌钢管的基础数据

供应厂家	供应量（m）	出厂价（元/t）	运距（km）	运价（元/t·km）	管重（kg/m）	装卸费（元/t）	采保管费费率（%）	运输损耗率（%）
甲制管厂	3.5	3800	8	0.80				
乙制管厂	3.5	3750	10	0.75	2.4	2.00	2	0.5
丙制管厂	4.0	3600	50	0.68				

7. 根据下表计算某地区标准砖的材料单价（元/千块）。

标准砖的基础数据

供应厂家	供应量（千块）	出厂价（元/千块）	运距（km）	运价（元/t·km）	容重（kg/块）	装卸费（元/t）	采保管费费率（%）	运输损耗率（%）
甲砖厂	150	500	12	0.84				
乙砖厂	350	480	15	0.75	2.6	2.20	2	1
丙砖厂	500	520	5	1.05				

8. 某工程采用 M5.0 水泥砂浆砌筑 100m³ 的砖基础，计算此砖基础的直接工程费是多少？（直接工程费＝人工费＋材料费＋机械费；M5.0 水泥砂浆单价为 260.00 元/m³，标准砖的单价为 500.00 元/千块）

知识学习与任务完成过程

9. 某工程采用 M5.0 水泥砂浆砌筑 100m³ 的弧形砖基础,计算此弧形砖基础的直接工程费是多少?(直接工程费＝人工费＋材料费＋机械费;M5.0 水泥砂浆单价为 260.00 元/m³,标准砖的单价为 500.00 元/千块)

10. 某工程设计要求,外墙面贴 200mm×200mm 无釉面砖,灰缝 5mm,面砖损耗率为 1.5%,试计算每 100m² 外墙贴面砖的总消耗量。

11. 简述概算定额和概算指标、投资估算指标、施工定额、企业定额的概念。

12. 简述工程造价指数的概念及其用途。

13. 某建设项目报告期建筑安装工程费为 900 万元,造价指数为 106%;报告期设备、工器具单价 600 万元,造价指数为 104%;报告期工程建设其他费用为 200 万元,工程建设其他费用指数为 103%;则该建设项目的造价指数为多少?

任务完成情况评价	序号	评价项目及权重		学生自评	老师评价
	1	工作纪律和态度（20分）			
	2	任务完成情况（80分）	第1题（8分）		
	3		第2题（6分）		
	4		第3题（6分）		
	5		第4题（6分）		
	6		第5题（6分）		
	7		第6题（6分）		
	8		第7题（6分）		
	9		第8题（6分）		
	10		第9题（6分）		
	11		第10题（6分）		
	12		第11题（6分）		
	13		第12题（6分）		
	14		第13题（6分）		
	小计				
	总分				

项目3　建设工程计价基础知识

任务3.1　云南省建筑安装工程费用项目组成

3.1.1　任务目的
掌握云南省建筑安装工程费用项目组成。
3.1.2　任务要求
以个人为单位，完成学生工作页中规定的学习内容。
3.1.3　任务计划
任务计划时间2学时。
3.1.4　任务工作页

专业		授课教师	
工作项目	建设工程计价基础知识	工作任务	云南省建筑安装工程费用项目组成
知识学习与任务完成过程	1. 云南省建筑安装工程费用由哪五个部分组成？ 2. 名词解释 (1) 人工费 (2) 材料费 (3) 机械费 (4) 管理费 (5) 利润		

知识学习与任务完成过程	(6) 措施项目费				
	(7) 规费				
	(8) 税金				
	3. 措施项目费包括（　　　　　）和（　　　　　）。				
	4. 总价措施项目费包括哪些内容?				
	5. 其他项目费包括哪些内容?				
	6. 规费包括哪些内容?				

	序号	评价项目及权重		学生自评	老师评价
任务完成情况评价	1	工作纪律和态度（20分）			
	2	任务完成情况（80分）	第1题（15分）		
	3		第2题（13分）		
	4		第3题（13分）		
	5		第4题（13分）		
	6		第5题（13分）		
	7		第6题（13分）		
		小计			
		总分			

任务 3.2　单位工程造价计价程序

3.2.1　任务目的

1. 掌握单位工程造价计价程序；

2. 掌握各项费用的计算方法；

3. 掌握规费、税金的具体计算方法。

3.2.2 任务要求

以个人为单位，完成学生工作页中规定的学习内容。

3.2.3 任务计划

任务计划时间 3 学时。

3.2.4 基础知识

单位工程造价计价程序

工程量清单计价又称为综合单价法，是指根据招标文件以及招标文件中提供的工程量清单，依据施工现场的实际情况及拟定的施工方案或施工组织设计，按市场价格组成综合单价，计算出分部分项工程费、措施项目费、其他项目费、规费和税金等，汇总确定工程造价（见表 3-1）。

单位工程造价计价程序   表 3-1

序 号	项目名称	计算方法
1	分部分项工程费	$\sum$（分部分项工程清单工程量×相应清单项目综合单价）
1.1	人工费	$\sum$（分部分项工程中定额人工费）
2	措施项目费	2.1+2.2
2.1	单价措施项目费	$\sum$（单价措施项目清单工程量×清单综合单价）
2.1.1	人工费	$\sum$（单价措施项目中定额人工费）
2.2	总价措施项目费	$\sum$（总价措施项目费）
3	其他项目费	$\sum$（其他项目费）
3.1	人工费	$\sum$（其他项目费中定额人工费）
4	规费	4.1+4.2+4.3+4.4+4.5
4.1	社会保障费	
4.2	住房公积金	
4.3	残疾人保证金	（1.1+2.1.1+3.1）×相应费率
4.4	危险作业意外伤害险	
4.5	工程排污费	按有关规定计算
5	税金	（1+2+3+4−按规定不计税的工程设备费）×综合税率
6	单位工程造价	1+2+3+4+5

一、分部分项工程费的计算

分部分项工程费 $= \sum$（分部分项工程清单工程量×相应清单项目综合单价）

（一）分部分项工程清单工程量

这里的分部分项工程清单工程量是指按相关工程现行国家计量规范（如《房屋建筑与装饰工程工程量计算规范》）规定的工程量计算规则计算出的分部分项工程的数量，简称"清单工程量"。各分部分项工程的清单工程量可以从"分部分项工程项目清单与计价表"中获得。

（二）综合单价

综合单价是指完成一个规定计量单位的分部分项工程清单项目或措施清单项目所需的人工费、材料费、施工机械使用费和企业管理费与利润。

二、措施项目费的计算

措施项目费是指为完成建设工程施工，发生于该工程施工前和施工过程中的技术、生活、安全、文明、环境保护等方面的费用。措施项目费分为总价措施项目费和单价措施项目费。

三、其他项目费的计算

其他项目包括暂列金额、暂估价（材料暂估价和专业工程暂估价）、计日工、总承包服务费和其他。

四、规费的计算

（一）计算方法

规费＝计算基础×费率。见表 3-2。

表 3-2

规费类别	计算基础	费率（%）
社会保险费、住房公积金、残疾人保证金	定额人工费	26
危险作业意外伤害险	定额人工费	1
工程排污费	按工程所在地有关部门的规定计算	

（二）规费作为不可竞争性费用，应按规定计取。

（三）未参加建筑职工意外伤害保险的施工企业不得计算危险作业意外伤害保险费用。

五、税金的计算

计算方法

税金＝计税基础×综合税率。见表 3-3。

表 3-3

工程所在地	计税基础	综合税率（%）
市区	分部分项工程费＋措施项目费＋其他项目费＋规费－按规定不计税的工程设备费	3.48
县城、镇		3.41
不在市区、县城、镇		3.28

税金作为不可竞争性费用，应按规定计取。

六、单位工程造价的计算

单位工程造价＝分部分项工程费＋措施项目费＋其他项目费＋规费＋税金

3.2.5 任务工作页

专业		授课教师	
工作项目	建设工程计价基础知识	工作任务	单位工程造价计价程序

<table>
<tr>
<td rowspan="2">知识
学习与
任务
完成
过程</td>
<td colspan="3">1. 简述单位工程造价计价程序。

</td>
</tr>
<tr>
<td colspan="3">2. 分部分项工程费＝（　　　　　　　　　　　　　　　　　　　），其
中各分部分项工程的清单工程量可以从（　　　　　　　　　　　　　　）中获得。
3. 规费的计算基础是（　　　　　　　　　　　　　　）。
4. 税金的计算基础是（　　　　　　　　　　　　　　）。
5. 综合税率根据（　　　　　　　　　　　　　）取定。某工程位于大理市下关镇，在计算税
金时间，其综合税率应取定为（　　　　　　　　　）。某工程位于大理州祥云县县城，在计算税金时间，
其综合税率应取定为（　　　　　　　　）。
6. （　　　　　　）和（　　　　　）作为不可竞争性费用，应按规定计取。
7. 单位工程造价＝（　　　　　　　　　　　　　　　　　　）</td>
</tr>
</table>

	序号	评价项目及权重		学生自评	老师评价
	1	工作纪律和态度（20分）			
任务完成 情况评价	2	任务完成情况 （80分）	第1题（20分）		
	3		第2题（10分）		
	4		第3题（10分）		
	5		第4题（10分）		
	6		第5题（10分）		
	7		第6题（10分）		
	8		第7题（10分）		
		小计			
		总分			

任务 3.3 单位工程造价计算案例

3.3.1 任务资料

昆明市区内某房屋建筑工程，经计算得分部分项工程费为 4500000.00 元（其中人工费为 750000.00 元），单价措施项目费为 200000.00 元（其中人工费为 50000.00 元），总价措施项目费为 80000.00 元，暂列金额为 60000.00 元，工程排污费为 10000.00 元，试计算其单位工程造价。

3.3.2　任务分析

为完成任务，必须掌握单位工程造价的计算程序，掌握规费和税金的计算。

3.3.3　任务目的

1. 会计算规费；

2. 会计算税金；

3. 会计算单位工程造价。

3.3.4　任务要求

以个人为单位，利用单位工程造价计价程序的知识，独立完成任务。

3.3.5　任务计划

学生参考云南省 2013 版建设工程造价计价依据完成任务，任务计划时间 1 学时。

3.3.6　任务工作页

专业		授课教师	
工作项目	建设工程计价基础知识	工作任务	单位工程造价计算案例
知识学习与任务完成过程	计算过程：		

	序号	评价项目及权重		学生自评	老师评价
任务完成情况评价	1	工作纪律和态度（20分）			
	2	任务完成情况（80分）	分部分项工程费的计算（10分）		
	3		措施项目费的计算（10分）		
	4		其他项目费的计算（10分）		
	5		规费的计算（20分）		
	6		税金的计算（20分）		
	7		单位工程造价的计算（10分）		
		小计			
		总分			

任务 3.4 单位工程造价计价步骤

3.4.1 任务目的
掌握单位工程造价计价步骤。

3.4.2 任务要求
以个人为单位，完成学生工作页中规定的学习内容。

3.4.3 任务计划
任务计划时间 2 学时。

3.4.4 基础知识

单位工程造价计价步骤

单位工程造价计价步骤，一般分为三大阶段，13 个步骤，见表 3-4。

单位工程造价计价步骤　　　　　　　　　　　　　　　　　表 3-4

阶段划分	步骤	工作内容
准备阶段	1	熟悉招标文件、设计施工图纸、复核（编制）"招标工程量清单"
	2	参加图纸会审、踏勘施工现场
	3	熟悉施工组织设计或施工方案
	4	确定计价依据
编制试算阶段	5	编制分部分项工程量综合单价，计算分部分项工程费
	6	编制措施项目清单的综合单价，确定计费费率和计算方法，计算措施项目费
	7	计算其他项目费
	8	计算规费、税金
	9	汇总计算工程造价
	10	主要材料分析
	11	填写编制说明和封面
复算收尾阶段	12	复核
	13	装订、签章

一、准备阶段

（一）熟悉招标文件、设计施工图纸、编制（复核）"招标工程量清单"

1. 招标文件是确定单位工程造价的重要依据之一，对招标文件的以下几方面应认真研读：

（1）全面了解招标工程的情况。如：工程名称、建设规模、招标范围、承包方式、招标文件规定的工期等方面。

（2）全面了解招标人的要求。如：工程报价的方式、投标报价所包含的费用名称、商务标的格式、评标办法及标准、合同条款中合同价款及调整、工程预付款、工程进度款的支付、工程变更、工程结算等规定。

（3）认真对待招标人提供的注意事项。如：投标有效期、投标文件的份数、投标截止日期、开标的时间及地点、对投标文件的签署、密封的要求等规定。

2. 设计施工图也是确定单位工程造价的重要依据之一，"按图预算"，是使结果比较接近工程实际，这就要求预算人员要读懂设计施工图。只有对设计施工图有一个比较全面正确地理解，才能合理划分分部分项工程，有条不紊地计算各分部分项工程量，为分部分项工程费、措施项目费的计算奠定基础。所以，工程造价人员在阅读熟悉图纸过程中应注意：

（1）清点整理图纸。首先，按图纸目录当面清点图纸；其次，签收后，按图纸目录编号次序进行整理，并在文件袋封面上写明工程项目名称、资料文件名、收到日期、收件保管人的姓名等。

（2）准备有关通用、标准图集。各种通用图、标准图示一种设计成语。这些设计成语是读懂、读通设计施工图过程中常要参阅的必备资料。

（3）阅读设计施工图。阅读图纸应掌握一个原则：先面后点、先粗后细、先易后难的原则。首先，阅读工程平面图，弄清工程所在的位置以及与其他工程相互关系、绝对标高、相对标高等等；其次，阅读施工图总说明、补充设计修改说明等，以求明确各项设计技术要求，尤其对于使用的新材料、新工艺以及设计上的特殊要求，一定要"吃透"，这对以后的列项计算工程量，补充、换算定额等都是不可缺少的预算意识；再次，再阅读各种施工图，阅读的一般规律是：先建筑后结构，先主体后构造，先结构布置后结构断面配筋，逐一加深概念。

（4）核对设计施工图。在阅读施工图过程中要学会读包含在图纸中的全部设计语言，能够做到粗读提出疑问，精读找出错误。对于一般建筑工程施工图，精读时必须随时核对以下有关各点：基本图与详图之间、各类平面图之间、平面图与剖面图之间长宽尺寸或标高是否相符；或在一张图纸内总尺寸与分尺寸的总和是否相等；等等。

3. 复核"招标工程量清单"，首先，复核"分部分项工程量清单"，复核所列的分部分项工程的项目编码、项目名称、计量单位、工程数量是否正确；复核是否有漏列、重列的分部分项工程量清单项等；其次，复核"措施项目清单"和"其他项目清单"。

（二）参加图纸会审、踏勘施工现场

两幢相同的建筑，施工现场不同、施工组织设计不同，所计算出的工程造价是不相同的，有时甚至相差很大。所以，预算人员在参加图纸会审、踏勘施工现场时，应特别注意听取和收集下列情况：

1. 了解工程特点和施工要求。这对编制工程预算有很大帮助，特别是在遇到预算定额缺项时，帮助更大；

2. 是否有设计变更；

3. 预算人员在图纸会审会上，就设计施工图中的疑问，进行询问核实；

4. 预算人员在踏勘施工现场时，应了解场地、场外道路、水、电源情况。如：了解现场有无障碍需要拆除清理、现场有无足够的材料堆放场地、路基的情况等等。

（三）熟悉施工组织设计或施工方案

施工组织设计是施工企业全面安排建筑产品生产的施工技术条件。充分了解施工组织设计和施工方案的目的，是为了弄清楚影响预算工程费用的因素。如：土方工程中余土外运或借土回填的运距、运土的方法；深基础的施工方法、施工工艺；地下水的处理方法；放坡的坡度；材料的堆放地点，是否需要材料的二次搬运；预制构件的运输距离及吊装方法等等。这些因素都会影响工程造价的确定，所以，在编制单位工程造价时，必须以上述技术文件为依据。

（四）确定计价依据

套用不同的消耗量定额所得到的工程造价是会有差异的，因此，对套用定额依据有可能产生争议的工程，应结合工程特点和各种定额的适用范围，对定额交叉的部分划分界限。根据"干什么工程执行什么定额，消耗量定额与费用定额（或计价规则）配套使用"的原则来确定定额。

二、编制试算阶段

（一）编制分部分项工程量综合单价，计算分部分项工程费

（二）编制措施项目清单的综合单价，确定计费费率和计算方法，计算措施项目费

（三）计算其他项目费

（四）计算规费、税金

（五）汇总计算工程造价

（六）主要材料分析

（七）填写编制说明和封面

以上内容将在后续课程详细展开。

三、复算收尾阶段

（一）复核

单位工程造价编制好以后，有关人员对单位工程造价进行复核，以便及时发现错误，提高预算质量。复核时应认真检查项目特征描述是否规范、准确、详细，检查人工、材料、机械台班的消耗数量计算是否准确；是否有漏算或重算；套用的定额是否正确；所采用的单价是否合理；各项费用的取费费率及计算基数是否正确等。

（二）装订、签章

在复核无误的情况下，对单位工程造价文件装订成册，然后加盖编制单位的公章，编制单位编制人、审核人签字并加盖执业专用章；加盖审核单位的公章，审核单位编制人、审核人签字并加盖执业专用章。

3.4.5 任务工作页

专业		授课教师	
工作项目	建设工程计价基础知识	工作任务	单位工程造价计价步骤

知识学习与任务完成过程	简述单位工程造价计价的 13 个步骤。			

	序号	评价项目及权重	学生自评	老师评价
任务完成情况评价	1	工作纪律和态度（20分）		
	2	任务完成情况（80分）		
		小计		
		总分		

项目4 工程量清单编制基础知识

任务4.1 概 述

4.1.1 任务目的
1. 掌握工程量清单的概念和组成;
2. 熟悉编制工程量清单使用的表格。

4.1.2 任务要求
以个人为单位,完成学生工作页中规定的学习内容。

4.1.3 任务计划
任务计划时间1学时。

4.1.4 基础知识

概 述

使用国有资金投资的建设工程发承包,必须采用工程量清单计价。非国有资金投资的建设工程,宜采用工程量清单计价。不采用工程量清单计价的建设工程,应执行《建设工程工程量清单计价规范》除工程量清单等专门性规定外的其他规定。

工程量清单计价是指按照工程量清单,以综合单价的方式进行计价的方法。工程量清单计价包括工程建设活动中的工程量清单编制、招标控制价编制、投标人的工程量清单计价、工程量清单计价的合同管理和竣工结算等建设项目招标至竣工各个阶段的计价活动。

一、工程量清单

工程量清单是建设工程实行工程量清单计价的专用名词,是载明建设工程分部分项工程项目、措施项目、其他项目的名称和相应数量以及规费、税金项目等内容的明细清单。招标工程量清单、已标价工程量清单是在工程发承包的不同阶段对工程量清单的进一步具体化。招标工程量清单是指招标人依据国家标准、招标文件以及施工现场实际情况编制的,随招标文件发布供投标报价的工程量清单,包括其说明和表格。已标价工程量清单是指构成合同文件组成部分的投标文件中已标明价格,经算术性错误修正(如有)且承包人已确认的工程量清单,包括其说明和表格。

招标工程量清单是工程量清单计价的基础,应作为编制招标控制价、投标报价、计算或调整工程量、索赔等的依据之一。招标工程量清单应由具有编制能力的招标人或受其委托、具有相应资质的工程造价咨询人编制。招标工程量清单必须作为招标文件的组成部分,其准确性和完整性应由招标人负责。

招标工程量清单应以单位(项)工程为单位编制,应由分部分项工程项目清单、措施项目清单、其他项目清单、规费和税金项目清单组成。

二、招标工程量清单的编制依据

1. 现行《建设工程工程量清单计价规范》和相关工程的国家计量规范,如《房屋建筑与装饰工程工程量计算规范》；

2. 国家或省级、行业建设主管部门颁发的计价依据和配套文件；

3. 建设工程设计文件（设计施工图纸）及相关资料；

4. 与建设工程有关的标准、规范、技术资料；

5. 拟定的招标文件；

6. 施工现场情况、地勘水文资料、工程特点及常规施工方案；

7. 其他相关资料。

三、招标工程量清单的编制步骤

1. 熟悉了解情况，做好准备工作；

2. 编制分部分项工程项目清单；

3. 编制措施项目清单；

4. 编制其他项目清单；

5. 编制规费、税金项目清单；

6. 编写总说明；

7. 填写封面、填表须知。

四、编制招标工程量清单使用的表格

1. 封面

2. 扉页

3. 分部分项工程/单价措施项目清单与计价表

4. 总价措施项目清单与计价表

5. 其他项目清单与计价汇总表

6. 暂列金额明细表

7. 材料（工程设备）暂估单价及调整表

8. 专业工程暂估价及结算价表

9. 计日工表

10. 总承包服务费计价表

11. 规费、税金项目计价表

12. 发包人提供材料和工程设备一览表

13. 承包人提供主要材料和工程设备一览表（两种，分别适用于造价信息差额调整法和价格指数差额调整法）

4.1.5 任务工作页

专业		授课教师	
工作项目	工程量清单编制基础知识	工作任务	概述
知识学习与任务完成过程	1. 简述工程量清单的概念。 		

知识学习与任务完成过程	2. 简述招标工程量清单的编制依据。 3. 简述招标工程量清单的编制步骤。 4. 熟悉编制招标工程量清单使用的表格。

任务完成情况评价	序号	评价项目及权重		学生自评	老师评价
	1	工作纪律和态度（20分）			
	2	任务完成情况 （80分）	第1题（20分）		
	3		第2题（20分）		
	4		第3题（20分）		
	5		第4题（20分）		
		小计			
		总分			

任务 4.2 分部分项工程项目清单编制

4.2.1 任务资料

如图 4-1 所示建筑平面，墙厚均为 240mm，轴线居中；楼面做法为：20 厚 1：2.5 水泥砂浆找平层，800mm×800mm×20mm 单色花岗岩板面层，门洞宽均为 1.20m。试编制该工程楼地面分部分项工程项目清单。

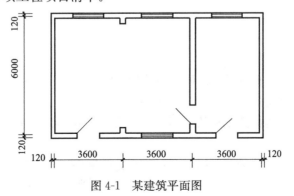

图 4-1 某建筑平面图

49

4.2.2 任务分析

为完成任务，必须掌握分部分项工程项目清单的编制规则。

4.2.3 任务目的

1. 会编制分部分项工程项目编码、项目名称、计量单位；

2. 会确定分部分项工程项目清单工程量的计算；

3. 会描述分部分项工程项目的项目特征。

4.2.4 任务要求

以个人为单位，利用《房屋建筑与装饰工程工程量计算规范》编制分部分项工程项目清单。

4.2.5 任务计划

学生参考《房屋建筑与装饰工程工程量计算规范》GB 50854—2013 完成任务，任务计划时间 2 学时。

4.2.6 基础知识

分部分项工程项目清单编制

分部工程是单项或单位工程的组成部分，是按结构部位、路段长度及施工特点或施工任务将单项或单位工程划分为若干分部的工程；分项工程是分部工程的组成部分，是按不同施工方法、材料、工序及路段长度等将分部工程划分为若干分项或项目的工程。

分部分项工程项目清单是分部分项工程的项目编码、项目名称、项目特征、计量单位和工程数量的明细清单。分部分项工程量清单必须载明项目编码、项目名称、项目特征、计量单位和工程量，这是构成分部分项工程项目清单的五个要件，缺一不可。

分部分项工程项目清单必须根据工程设计文件和相关资料，按照相关工程现行国家计量规范（如《房屋建筑与装饰工程工程量计算规范》）规定的项目编码、项目名称、项目特征、计量单位和工程量计算规则进行编制，见表 4-1。

分部分项工程/单价措施项目清单与计价表　　　　　　表 4-1

工程名称：　　　　　　　　　　标段：　　　　　　　　第　页 共　页

序号	项目编码	项目名称	项目特征描述	计量单位	工程量	金额（元）				
						综合单价	合价	其中		
								人工费	机械费	暂估价
				本页合计						
				合计						

一、项目编码

分部分项工程项目清单的项目编码，应采用五级十二位阿拉伯数字表示，一至九位应按相关工程现行国家计量规范（如《房屋建筑与装饰工程工程量计算规范》）附录的规定设置，十至十二位应根据拟建工程的工程量清单项目名称和项目特征设置，同一招标工程的项目编码不得有重码。

项目编码中，一、二位为第一级，表示工程分类顺序码，房屋建筑与装饰工程为 01；三、四位为第二级，表示专业工程顺序码；五、六位为第三级，表示分部工程顺序码；

七、八、九位为第四级，表示分项工程项目名称顺序码；十、十一、十二位为第五级，表示清单项目名称顺序码。

二、项目名称

分部分项工程项目清单的项目名称，应按相关工程现行国家计量规范（如《房屋建筑与装饰工程工程量计算规范》）附录的项目名称结合拟建工程的实际确定。

三、项目特征

分部分项工程项目清单的项目特征，应按相关工程现行国家计量规范（如《房屋建筑与装饰工程工程量计算规范》）附录中规定的项目特征，结合拟建工程项目的实际予以描述。

项目特征是对项目的准确描述，是影响价格的因素，是设置具体清单项目的依据。项目特征的描述，要能满足确定综合单价的需要。项目特征按不同的工程部位、施工工艺或材料品种、规格等分别列项。凡相关工程现行国家计量规范（如《房屋建筑与装饰工程工程量计算规范》）附录中的项目特征未描述到的其他独有特征，由工程清单编制人视项目具体情况确定，以准确、规范描述项目特征为准。

项目特征是确定一个分部分项工程清单项目综合单价不可缺少的主要依据。工程量清单项目的特征描述具有十分重要的意义，主要体现在：

① 项目特征是区分清单项目的依据。项目特征是用来表述分部分项工程工程量清单项目的实质内容，用于区分计价规范中同一清单条目下各个具体的清单项目。没有项目特征的准确描述，对于相同或相似的清单项目名称，就无从区分。

② 项目特征是确定综合单价的前提。由于分部分项工程项目的特征决定了工程实体的实质内容，必然直接决定了工程实体的自身价值。因此，项目特征描述得准确与否，直接关系到分部分项工程清单项目综合单价的准确确定。

③ 项目特征是履行合同义务的基础。实行工程量清单计价，工程量清单及其综合单价是施工合同的组成部分，因此，如果工程量清单项目特征的描述不清甚至漏项、错误，从而引起在施工过程中的更改，都会引起分歧，导致纠纷。

四、计量单位

分部分项工程项目清单的计量单位，应按相关工程现行国家计量规范（如《房屋建筑与装饰工程工程量计算规范》）附录中规定的计量单位确定，当规定的计量单位有两个或两个以上时，应根据拟建工程项目的实际，选择最适宜表现该项目特征并方便计量的单位。

五、工程量

分部分项工程项目清单的工程量，应根据工程设计文件和相关资料，按照相关工程现行国家计量规范（如《房屋建筑与装饰工程工程量计算规范》）附录中规定的工程量计算规则计算。

工程计量时每一项目汇总的有效位数应遵循下列规定：

① 以"t"为单位，应保留小数点后三位数字，第四位小数四舍五入；

② 以"m"、"m²"、"m³"、"kg"为单位，应保留小数点后两位数字，第三位小数四舍五入；

③ 以"个"、"件"、"根"、"组"、"系统"为单位，应取整数。

六、未包含项目的补充

编制分部分项工程项目清单，出现相关工程现行国家计量规范（如《房屋建筑与装饰工程工程量计算规范》）附录中未包括的项目，编制人应作补充，并报省级或行业工程造价管理机构备案，省级或行业工程造价管理机构应汇总报住房和城乡建设部标准定额研究所。

补充项目的编码由相关工程现行国家计量规范的代码与 B 和三位阿拉伯数字组成，并应从 001 起顺序编制，同一招标工程的项目不得重码。如房屋建筑与装饰工程的补充项目的编码，由《房屋建筑与装饰工程工程量计算规范》的代码 01 与 B 和三位阿拉伯数字组成，并应从 01B001 起顺序编制，同一招标工程的项目不得重码。

补充的工程量清单需附有补充项目的编码、名称、项目特征、计量单位、工程量计算规则、工作内容。不能计量的措施项目，需要附有补充项目的编码、名称、工作内容及包含范围。

4.2.7 任务工作页

专业		授课教师	
工作项目	工程量清单编制基础知识	工作任务	分部分项工程项目清单编制
知识学习与任务完成过程	1. 简述分部分项工程项目清单的概念。 2. 分部分项工程项目清单的编制依据是什么？ 工程量清单的编制 （1）分析该工程，该工程的楼地面是何种楼地面？ （2）序号栏中从"1"开始依次编号，序号栏中应填入（　　　）。 （3）查询《房屋建筑与装饰工程工程量计算规范》，将项目编码、项目名称、计量单位依次填入相应栏中。 项目编码： 项目名称： 计量单位： （4）根据《房屋建筑与装饰工程工程量计算规范》中项目特征的要求和工程内容的规定，结合工程实际，对该项目的特征进行描述。填入相应栏中。 该工程的项目特征为： 		

知识学习与任务完成过程	(5) 根据《房屋建筑与装饰工程工程量计算规范》中相应的工程量计算规则,结合工程实际,计算分部分项工程量。 计算规则: 计算过程:

分部分项工程清单与计价表

序号	项目编码	项目名称	项目特征描述	计量单位	工程量	金额(元)				
						综合单价	合价	其中		
								人工费	机械费	暂估价

任务完成情况评价	序号	评价项目及权重		学生自评	老师评价
	1	工作纪律和态度(20分)			
	2	知识准备或知识回顾(20分)			
	3	任务完成情况 (60分)	① 项目编码的确定(10分)		
	4		② 项目名称的确定(10分)		
	5		③ 项目特征的描述(20分)		
	6		④ 计量单位的确定和工程量的计算(20分)		
		小计			
		总分			

任务 4.3 措施项目清单编制

4.3.1 任务目的

掌握措施项目清单的编制方法。

4.3.2 任务要求

以个人为单位,完成学生工作页中规定的学习内容。

4.3.3 任务计划

任务计划时间 1 学时。

4.3.4 基础知识

措施项目清单编制

措施项目是指为完成工程项目施工,发生于该工程施工准备和施工过程中的技术、生活、安全、环境保护等方面的项目。一般来说，措施项目的费用的发生和金额的大小与使用时间、施工方法或者两个以上工序相关，与实际完成的实体工程量的多少关系不大，典型的是文明施工、安全施工、临时设施、环境保护等。但是有的措施项目，则是可以计算工程量的项目，典型的是脚手架工程、模板及支架工程等，用分部分项工程量清单的方式采用综合单价，更有利于措施费的确定和调整，更有利于合同管理。措施项目中不能计算工程量的项目清单，以"项"为计量单位；可以计算工程量的项目清单宜采用分部分项工程项目清单的方式编制，列出项目编码、项目名称、项目特征、计量单位和工程量。

措施项目分为总价措施项目和单价措施项目。措施项目清单的编制需要考虑多种因素，除工程本身的因素外，还涉及水文、气象、环境、安全等因素。由于影响措施项目设置的因素太多，计量规范不可能将施工中可能出现的措施项目一一列出，措施项目清单应根据拟建工程的实际情况列项。若出现《建设工程工程量清单计价规范》未列的项目，可根据实际情况补充。

总价措施项目可根据拟建工程的具体情况，从安全文明施工费、夜间施工增加费、二次搬运费、冬雨季施工增加费、已完工程及设备保护费、工程定位复测费、特殊地区施工增加费和其他中选列，见表4-2。

总价措施项目清单与计价表　　　　　　　　　　　　表 4-2

工程名称：　　　　　　　　　　标段：　　　　　　　　　　　　　　第　页　共　页

序号	项目编码	项目名称	计算基础	费率（%）	金额（元）	调整费率（%）	调整后金额（元）	备注
合计								

编制人（造价人员）：　　　　　　　　　　　　　　　　复核人（造价工程师）：

注：按施工方案计算的措施费，若无"计算基数"和"费率"，也可只填"金额"数值，但应在备注栏说明施工方案出处或计算方法。

单价措施项目可根据拟建工程的具体情况列项。《建设工程工程量清单计价规范》中的措施项目包括脚手架工程、混凝土模板及支架（撑）、垂直运输、超高施工增加、大型机械设备进出场及安拆、施工排水、降水等，见表4-3。

分部分项工程/单价措施项目清单与计价表　　　　　　表 4-3

工程名称：　　　　　　　　　　标段：　　　　　　　　　　　　　　第　页　共　页

序号	项目编码	项目名称	项目特征描述	计量单位	工程量	金额（元）				
						综合单价	合价	其中		
								人工费	机械费	暂估价
本页合计										
合计										

54

4.3.5 任务工作页

专业			授课教师	
工作项目	工程量清单编制基础知识		工作任务	措施项目清单编制
知识学习与任务完成过程	1. 什么是措施项目？措施项目分为哪两种？ 2. 措施项目清单的编制应考虑哪些因素？ 3. 总价措施项目可以从哪些项目中选列？			

	序号	评价项目及权重		学生自评	老师评价
任务完成情况评价	1	工作纪律和态度（20分）			
	2	任务完成情况（80分）	第1题（25分）		
	3		第2题（25分）		
	4		第3题（30分）		
		小计			
		总分			

任务 4.4 其他项目清单编制

4.4.1 任务目的
掌握其他项目清单的编制方法。

4.4.2 任务要求
以个人为单位，完成学生工作页中规定的学习内容。

4.4.3 任务计划
任务计划时间 2 学时。

4.4.4 基础知识

其他项目清单编制

其他项目清单应当根据工程的具体情况，参照下列内容列项：

1. 暂列金额；

2. 暂估价：包括材料暂估单价、工程设备暂估单价、专业工程暂估价；

3. 计日工；

4. 总承包服务费；

5. 其他。

出现《清单计价规范》中未列的项目，可根据工程实际情况补充，见表4-4。

其他项目清单与计价汇总表 表4-4

工程名称： 标段： 第 页 共 页

序 号	项目名称	金额（元）	结算金额（元）	备 注
1	暂列金额			详见明细表
2	暂估价			
2.1	材料（工程设备）暂估价/结算价	—		详见明细表
2.2	专业工程暂估价/结算价			详见明细表
3	计日工			详见明细表
4	总承包服务费			详见明细表
5	其他			
5.1	人工费调差			
5.2	机械费调差			
5.3	风险费			
5.4	索赔与现场签证	—		详见明细表
	合计			

注：1. 材料（工程设备）暂估单价进入清单项目综合单价，此处不汇总；

　　2. 人工费调差、机械费调差和风险费应在备注栏说明计算方法。

一、暂列金额

暂列金额是指招标人在工程量清单中暂定并包括在合同价款中的一笔款项。用于工程合同签订时尚未确定或者不可预见的所需材料、设备、服务的采购，施工中可能发生的工程变更、合同约定调整因素出现时的合同价款调整以及发生的索赔、现场签证确认等的费用。

不管采用何种合同形式，工程造价理想的标准是：一份合同的价格就是其最终的竣工结算价格，或者至少两者应尽可能接近。而工程建设本身的规律决定，设计需要根据工程进展不断地进行优化和调整，发包人的需求可能会随工程建设进展出现变化，工程建设过程中还存在其他诸多不确定因素。例如，施工合同签订时尚未确定或者不可预见的所需材料、设备、服务的采购，施工中可能发生的工程变更，合同约定调整因素出现时的工程价款调整以及发生的索赔、现场签证确认的费用。暂列金额正是因为这类不可避免的价格调整而设立的，以便合理确定工程造价的控制目标。

暂列金额列入合同价格不等于就属于承包人所有了，即使是总价包干合同，也不等于列入合同价格的所有金额就属于承包人，是否属于承包人应得金额取决于具体的合同约定，暂列金额中只有按照合同约定程序实际发生后，才能成为承包人的应得金额，纳入合同结算价款中。扣除实际发生金额后的暂列金额余额仍属于发包人所有。

设立暂列金额并不能保证合同结算价格就不会再出现超过合同价格的情况，是否超出合同价格完全取决于工程量清单编制人暂列金额预测的准确性，以及工程建设过程是否出现了其他事先预测到的事件。

暂列金额应根据工程特点按有关计价规定估算，见表4-5。

暂列金额明细表 表4-5

工程名称：　　　　　　　　　　标段：　　　　　　　　　　　　第　页　共　页

序　号	项目名称	计量单位	暂定金额（元）	备　　注
				例：此项目设计图纸有待完善
合计				

注：此表由招标人填写，如不能详列，也可只列暂定金额总额，投标人应将上述暂列金额计入投标总价中。

二、暂估价

暂估价是指招标人在工程量清单中提供的用于支付必然要发生但暂时不能确定价格的材料、工程设备的单价以及专业工程的金额。暂估价是肯定要发生，只是因为标准不明确或者需要由专业承包人完成，暂时又无法确定具体价格时采用。暂估价包括材料（工程设备）暂估价和专业工程暂估价。

（一）材料暂估价

为方便合同管理，需要纳入分部分项工程量清单项目综合单价中的暂估价应只是材料、工程设备费，以方便投标人组价。

材料、工程设备暂估单价应根据工程造价信息或参照市场价格估算，列出明细表，见表4-6。

材料（工程设备）暂估单价及调整表 表4-6

工程名称：　　　　　　　　　　标段：　　　　　　　　　　　　第　页　共　页

序号	材料（工程设备）名称、规格、型号	计量单位	数量		暂估（元）		确认（元）		差额±（元）		备　注
			暂估	确认	单价	合价	单价	合价	单价	合价	
合计											

注：此表由招标人填写"暂估单价"，并在备注栏说明暂估价的材料、工程设备拟用在哪些清单项目上，投标人应将上述材料、工程设备暂估单价计入工程量清单综合单价报价中。

（二）专业工程暂估价

专业工程暂估价一般应是综合暂估价，应当包括除规费、税金以外的管理费、利润等。总承包招标时，专业工程设计深度往往是不够的，一般需要交由专业设计人设计，国际上，出于提高可建造性考虑，一般由专业承包人设计，以发挥其专业技能和专业施工经验的优势。这类专业工程交由专业分包人完成是国际工程的良好实践，目前在我国工程建设领域也已经比较普遍。公开透明地合理确定这类暂估价的实际开支金额的最佳途径，就是通过施工总承包人与工程建设项目招标人共同组织的招标。

专业工程暂估价应分不同专业，按有关规定估算，列出明细表，见表4-7。

专业工程暂估价及结算价表 表 4-7

工程名称：　　　　　　　　　　　标段：　　　　　　　　　　　　　第 页 共 页

序号	工程名称	工程内容	暂估金额（元）	结算金额（元）	差额±(元)	备 注
	合计					

注：此表"暂估金额"由招标人填写，投标人应将"暂估金额"计入投标总价中。结算时按合同约定结算金额填写。

三、计日工

计日工是指在施工过程中，承包人完成发包人提出的工程合同范围以外的零星项目或工作，按合同中约定的单价计价的方式。计日工是为了解决现场发生的零星工作的计价而设立的，为额外工作和变更的计价提供了一个方便快捷的途径。计日工适用的所谓零星工作一般是指合同约定之外的或者因变更而产生的、工程量清单中没有相应项目的额外工作，尤其是那些时间不允许事先商定价格的额外工作。

计日工以完成零星工作所消耗的人工工时、材料数量、机械台班进行计量，并按照计日工表中填报的适用项目的单价进行计价支付。为获得合理的计日工单价，发包人在其他项目清单中对计日工一定要给出暂定数量，并需要根据经验尽可能估算一个较接近实际的数量。

由于计日工往往是用于一些突发性的额外工作，缺少计划性，承包人在调动施工生产资源方面难免不影响已经计划好的工作，生产资源的使用效率也有一定的降低，客观上造成超出常规的额外投入；另外，其他项目清单中计日工往往是一个暂定的数量，其无法纳入有效的竞争。所以合理的计日工单价水平是要高于工程量清单的价格水平的。

计日工应列出项目名称、计量单位和暂估数量，见表 4-8。

计日工表 表 4-8

工程名称：　　　　　　　　　　　标段：　　　　　　　　　　　　　第 页 共 页

编号	项目名称	单 位	暂定数量	实际数量	综合单价（元）	合价（元）	
						暂定	实际
一	人工						
		人工小计					
二	材料						
		材料小计					
三	施工机械						
		施工机械小计					
四、管理费和利润							
		总计					

注：此表项目名称、暂定数量由招标人填写，编制招标控制价时，单价由招标人在招标文件中确定；投标时，单价由投标人自主报价，按暂定数量计算合价计入投标总价中。结算时，按发承包双方确认的实际数量计算合价。

四、总承包服务费

总承包服务费是为了解决招标人在法律、法规允许的条件下进行专业工程发包以及自行供应材料、工程设备，并需要总承包人对发包的专业工程提供协调和配合服务（如分包人使用总承包人的脚手架、水电接驳等），对甲供材料、工程设备提供收、发和保管服务以及进行施工现场管理，对竣工资料进行统一汇总整理等发生并向总承包人支付的费用。

招标人应当预计该项费用并按投标人的投标报价向投标人支付该项费用。

总承包服务费应列出服务项目及其内容等，见表4-9。

总承包服务费计价表

表 4-9

工程名称：　　　　　　　　　　标段：　　　　　　　　　　　　第　页　共　页

序号	项目名称	项目价值（元）	服务内容	计算基础	费率（%）	金额（元）
1	发包人发包专业工程					
2	发包人供应材料					
	合计	—	—		—	

注：此表项目名称、服务内容由招标人填写，编制招标控制价时，费率及金额由招标人按有关计价规定确定；投标时，费率及金额由投标人自主报价，计入投标总价中。

4.4.5 任务工作页

专业		授课教师	
工作项目	工程量清单编制基础知识	工作任务	其他项目清单编制
知识学习与任务完成过程	1. 其他项目清单应当根据工程的具体情况，参照哪些内容列项？ 2. 什么是暂列金额？暂列金额应如何计算？ 3. 什么是暂估价？暂估价包括哪些内容？暂估价应如何计算？ 4. 什么是计日工？计日工应列出哪些内容？ 5. 什么是总承包服务费？总承包服务费应列出哪些内容？		

	序号	评价项目及权重		学生自评	老师评价
任务完成情况评价	1	工作纪律和态度（20分）			
	2	任务完成情况（80分）	第1题（16分）		
	3		第2题（16分）		
	4		第3题（16分）		
	5		第4题（16分）		
	6		第5题（16分）		
		小计			
		总分			

任务4.5 规费与税金项目清单编制

4.5.1 任务目的

掌握规费与税金项目清单的编制方法。

4.5.2 任务要求

以个人为单位，完成学生工作页中规定的学习内容。

4.5.3 任务计划

任务计划时间1学时。

4.5.4 基础知识

规费与税金项目清单编制

一、规费

规费是指按照国家法律、法规规定，由省级政府和省级有关权力部门规定必须缴纳或计取的费用。包括：

（一）社会保险费

社会保险费包括：

1. 养老保险费：是指企业按照规定标准为职工缴纳的基本养老保险费。

2. 失业保险费：是指企业按照规定标准为职工缴纳的失业保险费。

3. 医疗保险费：是指企业按照规定标准为职工缴纳的基本医疗保险费。

4. 生育保险费：是指企业按照规定标准为职工缴纳的生育保险费。

5. 工伤保险费：是指企业按照规定标准为职工缴纳的工伤保险费。

（二）住房公积金

住房公积金是指企业按照规定标准为职工缴纳的住房公积金。

（三）残疾人保证金

残疾人保证金是指按照规定缴纳的残疾人保证金。

（四）危险作业意外伤害险

危险作业意外伤害险是指施工企业按照规定为从事危险作业的施工人员支付的意外伤害保险费。

未参加建筑职工意外伤害保险的施工企业不得计算危险作业意外伤害保险费用。

（五）工程排污费

工程排污费是指按照规定缴纳的施工现场工程排污费。

其他应列而未列入的规费，按实际发生计取。规费作为不可竞争性费用，应按规定计取。

二、税金

税金是指国家税法规定的应计入建筑安装工程造价内的营业税、城市维护建设税、教育费附加以及地方教育附加。税金作为不可竞争性费用，应按规定计取。规费、税金项目计价表见表4-10。

规费、税金项目计价表　　　　　　　　　　表4-10

工程名称：　　　　　　　　　　标段：　　　　　　　　　　第　页　共　页

序号	项目名称	计算基础	计算基数	计算费率（%）	金额（元）
1	规费				
1.1	社会保险费、住房公积金、残疾人保证金				
1.2	危险作业意外伤害险				
1.3	工程排污费				
2	税　金				
合计					

编制人（造价人员）：　　　　　　　　　　　复核人（造价工程师）：

4.5.5　任务工作页

专业		授课教师	
工作项目	工程量清单编制基础知识	工作任务	规费和税金项目清单编制
知识学习与任务完成过程	1. 什么是规费？规费项目包括哪些内容？在具体列项时，将其列为哪三项？计算规费时应注意哪些事项？ 2. 什么是税金？计算税金时应注意哪些事项？		

	序号	评价项目及权重		学生自评	老师评价
任务完成情况评价	1	工作纪律和态度（20分）			
	2	任务完成情况（80分）	第1题（40分）		
	3		第2题（40分）		
		小计			
		总分			

任务 4.6 其他相关表格填写

4.6.1 任务目的
掌握主要材料、工程设备一览表，总说明，封面，扉页，填表须知的填写方法。

4.6.2 任务要求
以个人为单位，完成学生工作页中规定的学习内容。

4.6.3 任务计划
任务计划时间1学时。

4.6.4 任务工作页

专业		授课教师	
工作项目	工程量清单编制基础知识	工作任务	其他相关表格填写
知识学习与任务完成过程	1. 熟悉其他相关表格的填写要求。 2. 总说明应按哪些内容填写？		

	序号	评价项目及权重		学生自评	老师评价
任务完成情况评价	1	工作纪律和态度（20分）			
	2	任务完成情况（80分）	第1题（40分）		
	3		第2题（40分）		
		小计			
		总分			

项目5 工程量清单计价基础知识

任务5.1 招标控制价编制

5.1.1 任务资料

如图5-1所示建筑平面，墙厚均为240mm，轴线居中；楼面做法为：20厚1∶2.5水泥砂浆找平层，500mm×500mm×20mm单色花岗石板面层，门洞宽均为1.20m。根据工程实际和给定的资料（表5-1，表5-2），试计算该工程楼地面分部分项工程项目的综合单价并进行综合单价材料分析。（提示：500mm×500mm×20mm单色花岗石板参考价格为200.00元/m²，1∶2.5水泥砂浆参考价格为300.00元/m³）

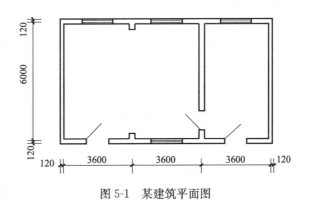

图5-1 某建筑平面图

分部分项工程/单价措施项目清单与计价表 　　表5-1

工程名称：　　　　　　　　标段：　　　　　　　　第 页 共 页

序号	项目编码	项目名称	项目特征描述	计量单位	工程量	金额（元）				
						综合单价	合价	其中		
								人工费	机械费	暂估价
1	011102001001	石材楼地面（花岗岩）	1. 找平层厚度、砂浆配合比：20厚1∶2.5水泥砂浆找平层 2. 面层材料品种、规格、品牌、颜色：500mm×500mm×20mm单色花岗石板	m²	60.30					
			本页合计							
			合计							

表 L.2　块料面层（编码：011102）　　　　　　　　　　　　　表 5-2

项目编码	项目名称	项目特征	计量单位	工程量计算规则	工程内容
011102001	石材楼地面	1. 找平层厚度、砂浆配合比 2. 结合层厚度、砂浆配合比 3. 面层材料品种、规格、品牌、颜色 4. 嵌缝材料种类 5. 防护层材料种类 6. 酸洗、打蜡要求	m²	按设计图示尺寸以面积计算。门洞、空圈、暖气包槽、壁龛的开口部分并入相应的工程量内	1. 基础清理 2. 抹找平层 3. 面层铺设、磨边 4. 嵌缝 5. 刷防护材料 6. 酸洗、打蜡 7. 材料运输
011102002	碎石材楼地面				

5.1.2　任务分析

为完成任务，必须根据图示将楼面相应项目的定额工程量计算出来，并确定其综合单价，同时进行综合单价材料分析。

5.1.3　任务目的

1. 会使用综合单价分析表确定分部分项工程项目的综合单价；
2. 会使用综合单价材料明细表进行综合单价材料分析。

5.1.4　任务要求

以个人为单位，利用云南省 2013 版计价依据及清单规范完成学生工作页。

5.1.5　任务计划

学生参考云南省 2013 版建设工程造价计价依据，《房屋建筑与装饰工程工程量计算规范》GB 50854—2013 完成任务，任务计划时间 4 学时。

5.1.6　附录

招标控制价编制

一、招标控制价

招标控制价是招标人根据国家或省级、行业建设主管部门颁发的有关计价依据和办法，以及拟定的招标文件和招标工程量清单，结合工程具体情况编制的招标工程的最高投标限价。

使用国有资金投资的建设工程发承包，必须采用工程量清单计价，并编制招标控制价。一个建设工程只能编制一个招标控制价。招标控制价必须作为招标文件的组成部分，并随同招标文件一并发出和公布。招标控制价中应包括按招标文件要求划分的应由投标人承担的一定范围内的风险费用。风险费在招标文件中没有明确的，投标人应提请招标人明确。

招标控制价应由具有编制能力的招标人或受其委托具有相应资质的工程造价咨询人编制和复核。工程造价咨询人接受招标人委托编制招标控制价，不得再就同一工程接受投标人委托编制投标报价。招标控制价不应上调或下浮。当招标控制价超过批准的概算时，招标人应将其报原概算审批部门审核。招标人应在发布招标文件时公布招标控制价，同时应将招标控制价及有关资料报送工程所在地或有该工程管辖权的行业管理部门工程造价管理机构备查。

二、招标控制价的作用

1. 我国对国有资金投资项目的投资控制实行的是投资概算审批制度，国有资金投资的工程原则上不能超过批准的投资概算。因此，在工程招标发包时，当编制的招标控制价超过批准的概算时，招标人应当将其报原概算审批部门重新审核。

2. 国有资金投资的工程进行招标，根据《中华人民共和国招标投标法》的规定，招标人可以设标底，当招标人不设标底时，为有利于客观、合理地评审投标报价和避免哄抬标价，造成国有资产流失，招标人应编制招标控制价。

3. 国有资金投资的工程，招标人编制并公布的招标控制价相当于招标人的采购预算，同时要求其不能超过批准的概算，因此，招标控制价是招标人在工程招标时能接受投标人报价的最高限价。国有资金中的财政性资金投资的工程在招标时还应符合《中华人民共和国政府采购法》相关条款的规定。如该法第三十六条规定："在招标采购中，出现下列情形之一的，应予废标……（三）投标人的报价均超过了采购预算，采购人不能支付的。"所以国有资金投资的工程，投标人的投标报价不能高于招标控制价，否则，其投标将被拒绝。

三、招标控制价的编制

（一）招标控制价的编制人

招标控制价应由具有编制能力的招标人编制，当招标人不具有编制招标控制价的能力时，可委托具有相应资质的工程造价咨询人编制。工程造价咨询人不得同时接受招标人和投标人对同一工程的招标控制价和投标报价进行编制。

所谓具有相应工程造价咨询资质的工程造价咨询人是根据《工程造价咨询企业管理办法》（建设部令第 149 号）的规定，依法取得工程造价咨询企业资质，并在其资质许可的范围内接受招标人的委托，编制招标控制价的工程造价咨询企业。即取得甲级工程造价咨询资质的咨询人可承担各类建设项目的招标控制价编制，取得乙级（包括乙级暂定）工程造价咨询资质的咨询人，则只能承担 5000 万元以下的招标控制价的编制。

招标控制价的编制应根据下列依据进行：

1. 现行《建设工程工程量清单计价规范》和相关工程现行国家计量规范（如《房屋建筑与装饰工程工程量计算规范》）；

2. 国家或省级、行业建设主管部门颁发的计价定额和配套文件；

3. 建设工程设计文件及相关资料；

4. 招标文件及招标工程量清单；

5. 与建设项目有关的标准、规范、技术资料；

6. 施工现场情况、工程特点及常规施工方案；

7. 省建设工程造价管理部门制定、审核发布的材料、设备价格信息；

8. 其他的相关资料。

按上述依据进行招标控制价的编制，应注意以下事项：

使用的计价标准、计价政策应是国家或省级、行业建设主管部门颁发的计价定额和相关政策规定；

采用的材料价格应是工程造价管理机构通过工程造价信息发布的材料单价，工程造价信息未发布材料单价的材料，其材料价格应通过市场调查确定；

国家或省级、行业建设主管部门对工程造价计价中费用或费用标准有规定的，应按规定执行。

（二）编制招标控制价使用的表格

1. 封面

2. 扉页

3. 总说明

4. 建设项目招标控制价/投标报价汇总表

5. 单项工程招标控制价/投标报价汇总表

6. 单位工程招标控制价/投标报价汇总表

7. 分部分项工程/单价措施项目清单与计价表

8. 综合单价分析表

9. 综合单价材料明细表

10. 总价措施项目清单与计价表

11. 其他项目清单与计价汇总表

12. 暂列金额明细表

13. 材料（工程设备）暂估单价及调整表

14. 专业工程暂估价及结算价表

15. 计日工表

16. 总承包服务费计价表

17. 规费、税金项目计价表

18. 发包人提供材料和工程设备一览表

19. 承包人提供主要材料和工程设备一览表（两种，分别适用于造价信息差额调整法和价格指数差额调整法）

（三）招标控制价的编制要求

1. 分部分项工程费的计算

分部分项工程费应根据招标文件中的分部分项工程项目清单的特征描述及有关要求，按规定确定综合单价进行计算。招标文件提供了暂估单价的材料，按暂估的单价（通过定额换算）计入综合单价。

分部分项工程费 = $\sum$（分部分项工程清单工程量 × 相应清单项目综合单价）

其中，

（1）分部分项工程清单工程量

这里的分部分项工程清单工程量是指按相关工程现行国家计量规范（如《房屋建筑与装饰工程工程量计算规范》）规定的工程量计算规则计算出的分部分项工程的数量，简称"清单工程量"。各分部分项工程的清单工程量可以从工程量清单中的"分部分项工程项目清单与计价表"获得。

（2）综合单价

综合单价是指完成一个规定计量单位的分部分项工程清单项目或措施清单项目所需的人工费、材料费、施工机械使用费和企业管理费与利润。

综合单价的综合有两层意思：一是本身价格的综合，每一个综合价格都包括了人工费、材料费、机械费、管理费和利润；二是工程内容的综合，即一个分部分项工程清单项目包括若干个工程内容，每一个工程内容由一个主要施工工序和若干个次要工序组成。由于《消耗量定额》是按照主要施工工序划分的，所以在进行综合单价组价时，可能需要套用一个或若干个消耗量定额子目。

综合单价的计算方法：

方法一：综合单价＝清单项目所含的全部费用÷清单工程量

步骤1：根据项目特征描述、施工图、施工方案并参考相关工程现行国家计量规范（如《房屋建筑与装饰工程工程量计算规范》），分析清单项目包括哪几个消耗量定额子目；

步骤2：根据施工图、施工方案并参考《消耗量定额》，计算出清单项目所包括的消耗量定额子目的定额工程量；

定额工程量是根据《消耗量定额》的工程量计算规则计算出来的工程量。

步骤3：计算出清单项目所含的全部费用；其中，

① 人工费 ＝ $\sum$（定额工程量×定额人工费）

② 材料费 ＝ $\sum$（定额工程量×定额材料消耗量×材料单价）

③ 机械费 ＝ $\sum$（定额工程量×定额机械台班消耗量×机械台班单价）

④ 管理费 ＝（定额人工费＋定额机械费×8％）×管理费费率 ＝（①＋③×8％）×33％

⑤ 利润 ＝（定额人工费＋定额机械费×8％）×利润费率 ＝（①＋③×8％）×20％

管理费和利润可以一起计算，即管理费和利润＝（①＋③×8％）×53％。见表5-3，表5-4。

管理费费率表　　　　　　　　　　　　　　　　　　表5-3

专　业	房屋建筑与装饰工程	通用安装工程	市政工程	园林绿化工程	房屋修缮及仿古建筑工程	城市轨道交通工程	独立土石方工程
费率（％）	33	30	28	28	23	28	25

利润费率表　　　　　　　　　　　　　　　　　　　表5-4

专　业	房屋建筑与装饰工程	通用安装工程	市政工程	园林绿化工程	房屋修缮及仿古建筑工程	城市轨道交通工程	独立土石方工程
费率（％）	20	20	15	15	15	18	15

房屋建筑与装饰工程：适用于工业与民用建（构）筑物的建筑与装饰工程。

独立土石方工程：适用于附属一个单位工程内其挖方或填方（挖填不累计）在5000m³ 以上或实行独立承包的土石方工程。不包括市政道路工程中用于结构的换填层。

步骤4：计算综合单价。

综合单价＝清单项目所含的全部费用÷清单工程量

＝（人工费＋材料费＋机械费＋管理费＋利润）÷清单工程量

方法二：用综合单价分析表计算

步骤1：根据项目特征描述、施工图、施工方案并参考相关工程现行国家计量规范（如《房屋建筑与装饰工程工程量计算规范》），分析清单项目包括哪几个消耗量定额子目；

步骤2：根据施工图、施工方案并参考《消耗量定额》，计算出清单项目所包括的消耗量定额子目的定额工程量；

步骤 3：填表，计算，分析。注意：表中的"工程量"一栏应填入清单工程量；"数量"一栏应填入对应的定额工程量，同时要注意定额工程量的计量单位，如定额工程量为 $500m^3$，定额单位为" $10m^3$ "，则应填入" $500÷10＝50$ "，见表 5-5。

综合单价分析表　　　　　　　　　　　　　　表 5-5

工程名称：　　　　　　　　标段：　　　　　　　　第　页　共　页

序号	项目编码	项目名称	计量单位	工程量	清单综合单价组成明细										综合单价
					定额编号	定额名称	定额单位	数量	单价			合价			
									人工费	材料费	机械费	人工费	材料费	机械费	管理费和利润	

注：如不使用省级或行业建设主管部门发布的计价依据，可不填定额编号、名称等。

（3）综合单价材料分析

步骤 1：将综合单价分析表中的序号、项目编码、项目名称、计量单位、工程量填入综合单价材料明细表中的相应位置；

步骤 2：根据相应定额子目，分析该分部分项工程所使用的的主要材料，将主要材料名称、规格、型号填入综合单价材料明细表中；

步骤 3：计算主要材料的数量。数量＝ $\sum$（定额消耗量÷定额计量单位×相应的定额工程量）。将其填入相应栏中；

步骤 4：根据所给信息填入单价，并计算合价。合价＝数量×单价。将其填入相应栏中。

注意，如果材料为暂估材料，应填入相应的"暂估材料单价"、"暂估材料合价"栏中。

步骤 5：其他材料费的填写。根据相应定额子目，分析该分部分项工程所包括的其他材料。其他材料费可根据定额中的材料费来填写。其他材料费＝ $\sum$（定额材料费÷定额计量单位×相应的定额工程量）。将其填入相应栏中；

步骤 6：计算材料费小计。将"合价"栏中的数据汇总，即得到材料费小计。

2. 措施项目费的计算

措施项目费应按招标文件中提供的措施项目清单确定，措施项目采用分部分项工程综合单价形式进行计价的工程量，应按措施项目清单中的工程量，并按规定确定综合单价；以"项"为单位的方式计价的，按规定确定除规费、税金以外的全部费用。措施项目费中的安全文明施工费应当按照国家或省级、行业建设行政主管部门的规定标准计价。措施项目费的计算在后续课程中展开。

3. 其他项目费的计算

（1）暂列金额

暂列金额由招标人根据工程特点，按有关计价规定进行估算确定。为保证工程施工建设的顺利实施，在编制招标控制价时应对施工过程中可能出现的各种不确定因素对工程造价的影响进行估算，列出一笔暂列金额。暂列金额可根据工程的复杂程度、设计深度、工程环境条件（包括地质、水文、气候条件等）进行估算，一般可按分部分项工程费的10%～15%作为参考。

（2）暂估价

暂估价包括材料暂估价和专业工程暂估价。暂估价中的材料单价应按照工程造价管理机构发布的工程造价信息或参考市场价格确定；暂估价中的专业工程暂估价应分不同专业，按有关规定计算。

（3）计日工

计日工包括计日工人工、材料和施工机械。在编制招标控制价时，对计日工中的人工单价和施工机械台班单价应按省级、行业建设主管各部门或其授权的工程造价管理机构公布的单价计算；材料应按工程造价管理机构发布的工程造价信息中的材料单价计算，工程造价信息未发布材料单价的材料，其价格应按市场调查确定的单价计算。

（4）总承包服务费

根据合同约定的总承包服务内容和范围，参照下列标准计算：

① 发包人仅要求对其分包的专业工程进行总承包现场管理和协调时，按分包的专业工程造价的1.5%计算；

② 发包人要求对其分包的专业工程进行总承包管理和协调并同时要求提供配合服务时，根据配合服务的内容和提出的要求，按分包的专业工程造价的3%～5%计算；

③ 发包人供应材料（设备除外）时，按供应材料价值的1%计算。

4. 规费、税金的计算

招标控制价的规费和税金必须按国家或省级、行业建设主管部门的规定计算。

（四）编制招标控制价的注意事项

1. 招标控制价的作用决定了招标控制价不同于标底，无需保密。为体现招标的公平、公正，防止招标人有意抬高或压低工程造价，招标人应在招标文件中如实公布招标控制价，不得对所编制的招标控制价进行上浮或下调。招标人在招标文件中公布招标控制价时，应公布招标控制价各组成部分的详细内容，不得只公布招标控制价总价。同时，招标人应将招标控制价报工程所在地的工程造价管理机构备案。

2. 投标人经复核认为招标人公布的招标控制价未按照《工程量清单计价》的规定进行编制的，应在开标前5天向招投标监督机构或（和）工程造价管理机构投诉。招投标监督机构应会同工程造价管理机构对投诉进行处理，发现确有错误的，应责成招标人修改。

5.1.7 任务工作页

专业		授课教师	
工作项目	工程量清单计价基础知识	工作任务	招标控制价编制
知识准备	1. 什么是招标控制价？		

知识 准备	2. 招标控制价的编制依据有哪些? 3. 如何计算招标控制价中的分部分项工程费? 4. 如何确定招标控制价中的暂列金额? 5. 如何确定招标控制价中的暂估价? 6. 如何确定招标控制价中的计日工? 7. 如何确定招标控制价中的总承包服务费? 8. 如何确定招标控制价中的规费和税金? 9. 编制招标控制价有哪些注意事项?

	1. 综合单价的计算 步骤1：根据项目特征描述、施工图、施工方案并参考《房屋建筑与装饰工程工程量计算规范》第70页"表L.2　块料面层"中的"工程内容"，分析得知该清单项目包括哪些定额子目？ 步骤2：根据施工图、施工方案并参考《云南省房屋建筑与装饰工程消耗量定额》，计算出清单项目所包括的消耗量定额子目的定额工程量。 子目1： 工程量计算规则： 工程量计算过程： 子目2： 工程量计算规则： 工程量计算过程： 子目3： 工程量计算规则： 工程量计算过程： 步骤3：填表，计算，分析。
知识学习与任务完成过程	

综合单价分析表

工程名称：　　　　　　　　　标段：　　　　　　　　　第　页　共　页

序号	项目编码	项目名称	计量单位	工程量	清单综合单价组成明细									综合单价
					定额编号	定额名称	定额单位	数量	单价			合价			
									人工费	材料费	机械费	人工费	材料费	机械费	管理费和利润	

知识学习与任务完成过程	2. 综合单价材料分析 使用综合单价材料明细表进行材料分析。

综合单价材料明细表

序号	项目编码	项目名称	计量单位	工程量	材料组成明细					
					主要材料名称、规格、型号	单位	数量	单价（元）	合价（元）	暂估材料单价（元）	暂估材料合价（元）
					其他材料费	—			—	—
					材料费小计	—			—	—

任务完成情况评价	序号	评价项目及权重		学生自评	老师评价
	1	工作纪律和态度（20分）			
	2	知识准备或知识回顾（20分）			
	3	任务完成情况（60分）	① 综合单价的计算（30分）		
	4		② 材料分析（30分）		
		小计			
		总分			

任务 5.2 投标报价编制

5.2.1 任务目的

掌握投标报价的编制方法。

5.2.2 任务要求

以个人为单位，完成学生工作页中规定的学习内容。

5.2.3 任务计划

任务计划时间 2 学时。

5.2.4 基础知识

投标报价编制

投标人的工程量清单计价是指投标人依据招标人提供的工程量清单，以综合单价的方式进行自主报价的方法。

一、投标（报）价

投标（报）价是指投标人投标时响应招标文件要求所报出的对已标价工程量清单汇总后标明的总价。投标价应由投标人或受其委托具有相应资质的工程造价咨询人编制。投标人应自主确定投标报价。投标报价不得低于工程成本。投标人必须按照招标工程量清单填报价格。项目编码、项目名称、项目特征、计量单位、工程量必须与招标工程量清单一致。投标人的投标报价高于招标控制价的应予废标。

二、投标（报）价的编制依据

投标报价应根据下列依据编制和复核：

1. 现行《建设工程工程量清单计价规范》；

2. 国家或省级、行业建设主管部门颁发的计价办法；

3. 企业定额，国家或省级、行业建设主管部门颁发的计价定额和计价办法；

4. 招标文件、招标工程量清单及其补充通知、答疑纪要；

5. 建设工程设计文件及相关资料；

6. 施工现场情况、工程特点及投标时拟定的施工组织设计或施工方案；

7. 与建设项目相关的标准、规范等技术资料；

8. 市场价格信息或工程造价管理机构发布的工程造价信息；

9. 其他的相关资料。

三、投标（报）价的编制要求

投标价中除《工程量清单计价》中规定的规费、税金及措施项目清单中的安全文明施工费应按国家或省级、行业建设主管部门的规定计价，不得作为竞争性费用外，其他项目的投标报价由投标人自主决定。

投标人的投标报价不得低于成本。《中华人民共和国反不正当竞争法》第十一条规定："经营者不得以排挤竞争对手为目的，以低于成本的价格销售商品。"《中华人民共和国招标投标法》第四十一条规定："中标人的投标应当符合下列条件……（二）能够满足招标文件的实质性要求，并且经评审的投标价格最低；但是投标价格低于成本的除外。"《评标委员会和评标方法暂行规定》（国家计委等七部委第12号令）第二十一条规定："在评标过程中，评标委员会发现投标人的报价明显低于其他投标报价或者在设有标底时明显低于标底的，使得其投标报价可能低于其个别成本的，应当要求该投标人作出书面说明并提供相关证明材料。投标人不能合理说明或者不能提供相关证明材料的，由评标委员会认定该投标人以低于成本报价竞标，其投标应作废标处理。"

投标价应由投标人或受其委托具有相应资质的工程造价咨询人编制。

实行工程量清单招标，招标人在招标文件中提供工程量清单，其目的是使各投标人在投标报价中具有共同的竞争平台。因此，要求投标人在投保报价中填写的工程量清单的项目（细目）编码、项目（细目）名称、项目（细目）特征、计量单位、工程数量必须与招标人招标文件中提供的一致。

四、投标（报）价的编制

（一）编制投标（报）价使用的表格

1. 封面

2. 扉页

3. 总说明

4. 建设项目招标控制价/投标报价汇总表

5. 单项工程招标控制价/投标报价汇总表

6. 单位工程招标控制价/投标报价汇总表

7. 分部分项工程/单价措施项目清单与计价表

8. 综合单价分析表

9. 综合单价材料明细表

10. 总价措施项目清单与计价表

11. 其他项目清单与计价汇总表

12. 暂列金额明细表

13. 材料（工程设备）暂估单价及调整表

14. 专业工程暂估价及结算价表

15. 计日工表

16. 总承包服务费计价表

17. 规费、税金项目计价表

18. 发包人提供材料和工程设备一览表

19. 承包人提供主要材料和工程设备一览表（两种，分别适用于造价信息差额调整法和价格指数差额调整法）

（二）投标（报）价的编制

1. 分部分项工程费

分部分项工程费包括完成分部分项工程量清单项目所需的人工费、材料费、施工机械使用费、企业管理费和利润。分部分项工程费应按分部分项工程项目清单以综合单价计算。投标人投标报价时依据招标文件中分部分项工程项目清单的特征描述确定清单项目的综合单价，综合单价中的管理费和利润的取费费率可自行确定。在招投标过程中，当出现招标文件中分部分项工程量清单特征描述与设计图纸不符时，投标人应以分部分项工程量清单的项目特征描述为准，确定投标报价的综合单价。当施工中施工图纸或设计变更与工程量清单项目特征描述不一致时，发、承包双方应按实际施工的项目特征，依据合同约定重新确定综合单价。

招标文件中提供了暂估单价的材料，应按暂估的单价计入综合单价。

综合单价中应包括招标文件中划分的应由投标人承担的风险范围及其费用，招标文件中没有明确的，应请招标人明确。

2. 措施项目费

投标人可根据工程实际情况并结合施工组织设计，对招标人所列的措施项目进行增补。由于各投标人拥有的施工装备、技术水平和采用的施工方法有所差异，招标人提出的措施项目清单是根据一般情况确定的，没有考虑不同投标人的"个性"，投标人投标时应根据自身编制的投标施工组织设计或施工方案确定措施项目，对招标人提供的措施项目进行调整。投标人根据投标施工组织设计或施工方案调整和确定的措施项目应通过评标委员会的评审。

措施项目的内容应依据招标人提供的措施项目清单和投标人投标时拟定的施工组织设计或施工方案；

措施项目费的计价方式应根据招标文件的规定，可以计算工程量的措施项目清单采用综合单价方式报价；其余的措施项目清单项目采用以"项"为计量单位的方式报价；

措施项目费由投标人自主确定，但其中安全文明施工费应按国家或省级、行业建设主管部门的规定确定，且不得作为竞争性费用。

措施项目费的具体计算方法在后续课程展开。

3. 其他项目费

投标人对其他项目费投标报价应按以下原则进行：

暂列金额应按照其他项目清单中列出的金额填写，不得变动；

暂估价不得变动和更改。暂估价中的材料必须按照其他项目清单中列出的暂估单价计入综合单价；专业工程暂估价必须按照其他项目清单中列出的金额填写；

计日工应按照其他项目清单列出的项目和估算的数量，自主确定各项综合单价并计算计日工金额；

总承包服务费应依据招标人在招标文件中列出的分包专业工程内容和供应材料、设备情况，按照招标人提出协调、配合与服务要求和施工现场管理需要自主确定。

4. 规费和税金

规费和税金应按照国家或省级、行业建设主管部门的规定计算，不得作为竞争费用。规费和税金的计取标准是依据有关法律、法规和政策规定制定的，具有强制性。投标人是法律、法规和政策的执行者，不能改变，更不能制定，而必须按照法律、法规、政策的有关规定执行。

5. 投标总价

招标工程量清单与计价表中列明的所有需要填写单价和合价的项目，投标人均应填写且只允许有一个报价。未填写单价和合价的项目，可视为此项费用已包含在已标价工程量清单中其他项目的单价和合价之中。当竣工结算时，此项目不得重新组价予以调整。

实行工程量清单招标，投标人的投标总价应当与组成工程量清单的分部分项工程费、措施项目费、其他项目费和规费、税金的合计金额相一致，即投标人在投保报价时，不能进行投标总价优惠（或降价、让利），投标人对招标人的任何优惠（或降价、让利）均应反映在相应清单项目的综合单价中。

5.2.5　任务工作页

专业		授课教师	
工作项目	工程量清单计价基础知识	工作任务	投标报价编制
知识学习与任务完成过程	1. 什么是投标报价？ 2. 对比投标报价的编制依据与招标控制价的编制依据有何异同？ 3. 如何计算投标报价中的分部分项工程费？		

				学生自评	老师评价
知识学习与任务完成过程	4. 如何确定投标报价中的措施项目费？ 5. 如何确定投标报价中的其他项目费？ 6. 如何确定投标报价中的规费和税金？				

	序号	评价项目及权重		学生自评	老师评价
任务完成情况评价	1	工作纪律和态度（20分）			
	2	任务完成情况（80分）	第1题（15分）		
	3		第2题（13分）		
	4		第3题（13分）		
	5		第4题（13分）		
	6		第5题（13分）		
	7		第6题（13分）		
		小计			
		总分			

任务 5.3　竣工结算与支付简介

5.3.1　任务目的
熟悉竣工结算的概念和编制依据、要求，结算款支付的一般规定。

5.3.2　任务要求
以个人为单位，完成学生工作页中规定的学习内容。

5.3.3　任务计划
任务计划时间 1 学时。

5.3.4　基础知识

竣工结算与支付简介

一、竣工结算

工程完工后，发承包双方必须在合同约定时间内办理工程竣工结算。竣工结算是反映工程造价计价规定执行情况的最终文件。竣工结算价是发承包双方依据国家有关法律、法规和标准规定，按照合同约定确定的，包括在履行合同过程中按合同约定进行的合同价款调整，是承包人按合同约定完成了全部承包工作后，发包人应付给承包人的合同总金额。

工程竣工结算应由承包人或受其委托具有相应资质的工程造价咨询人编制，并应由发包人或受其委托具有相应资质的工程造价咨询人核对。

竣工结算办理完毕，发包人应将竣工结算文件报送工程所在地或有该工程管辖权的行业管理部门的工程造价管理机构备案，竣工结算文件应作为工程竣工验收备案、交付使用的必备文件。

二、竣工结算的编制与复核

（一）竣工结算的编制与复核依据

工程竣工结算应根据下列依据编制和复核：

1.《建设工程工程量清单计价规范》；

2. 工程合同；

3. 发承包双方实施过程中已确认的工程量及其结算的合同价款；

4. 发承包双方实施过程中已确认调整后追加（减）的合同价款；

5. 建设工程设计文件及相关资料；

6. 投标文件；

7. 其他依据。

（二）编制竣工结算使用的表格

1. 封面

2. 扉页

3. 总说明

4. 建设项目竣工结算汇总表

5. 单项工程竣工结算汇总表

6. 单位工程竣工结算汇总表

7. 分部分项工程/单价措施项目清单与计价表

8. 综合单价分析表

9. 综合单价材料明细表

10. 综合单价调整表

11. 总价措施项目清单与计价表

12. 其他项目清单与计价汇总表

13. 暂列金额明细表

14. 材料（工程设备）暂估单价及调整表

15. 专业工程暂估价及结算价表

16. 计日工表

17. 总承包服务费计价表

18. 索赔与现场签证计价汇总表

19. 费用索赔申请（核准）表

20. 现场签证表

21. 规费、税金项目计价表

22. 工程计量申请（核准）表

23. 预付款支付申请（核准）表

24. 总价项目进度款支付分解表

25. 进度款支付申请（核准）表

26. 竣工结算款支付申请（核准）表

27. 最终结清支付申请（核准）表

28. 发包人提供材料和工程设备一览表

29. 承包人提供主要材料和工程设备一览表（两种，分别适用于造价信息差额调整法和价格指数差额调整法）

（三）竣工结算的编制与复核

1. 分部分项工程费和单价措施项目费

分部分项工程和措施项目中的单价项目应依据发承包双方确认的工程量与已标价工程量清单的综合单价计算；发生调整的，应以发承包双方确认调整的综合单价计算。

2. 总价措施项目费

措施项目中的总价项目应依据已标价工程量清单的项目和金额计算；发生调整的，应以发承包双方确认调整的金额计算，其中必须按国家或省级、行业建设主管部门的规定计算。

3. 其他项目费

其他项目应按下列规定计价：

（1）计日工按发包人实际签证确认的事项计算；

（2）暂估价应按材料、工程设备、专业工程最终确定的价值取代材料暂估价、专业工程暂估价，调整合同价款；

（3）总承包服务费应依据已标价工程量清单金额计算；发生调整的，应以发承包双方确认调整的金额计算；

（4）索赔费用应依据发承包双方确认的索赔事项和金额计算；

（5）现场签证费用应依据发承包双方签证资料确认的金额计算；

（6）暂列金额应减去合同价款调整（包括索赔、现场签证）金额计算，如有余额归发包人。

4. 规费和税金

规费和税金必须按国家或省级、行业建设主管部门的规定计算。规范中的工程排污费应按工程所在地环境保护部门规定的标准缴纳后按实列入。

发承包双方在合同工程实施过程中已经确认的工程计量结果和合同价款，在竣工结算办理中应直接进入结算。

三、支付

（一）结算款支付

承包人应根据办理的竣工结算文件向发包人提交竣工结算款支付申请。申请应包括下列内容：

1. 竣工结算合同价款总额；

2. 累计已实际支付的合同价款；

3. 应预留的质量保证金；

4. 实际应支付的竣工结算款金额。

发包人应在收到承包人提交竣工结算款支付申请后 7 天内核实，向承包人签发竣工结算支付证书。发包人签发竣工结算支付证书后的 14 天内，应按照竣工结算支付证书列明的金额向承包人支付结算款。

（二）质量保证金

发包人应按照合同约定的质量保证金比例从结算款中预留质量保证金。质量保证金是用于承包人按照合同约定履行属于自身责任的工程缺陷修复义务的，为发包人有效监督承包人完成缺陷修复提供资金保证。

承包人未按照合同约定履行属于自身责任的工程缺陷修复义务的，发包人有权从质量保证金中扣除用于缺陷修复的各项支出。经查验，工程缺陷属于发包人原因造成的，应由发包人承担查验和缺陷修复的费用。

在合同约定的缺项责任期终止后，发包人应将剩余的质量保证金返还给承包人。

（三）最终结清

缺陷责任期终止后，承包人应按照合同约定向发包人提交最终结清支付申请。发包人应在收到最终结清支付申请后的 14 天内予以核实，并应向承包人签发最终结清支付证书。发包人应在签发最终结清支付证书后的 14 天内，按照最终结清支付证书列明的金额向承包人支付最终结清款。

最终结清时，承包人被预留的质量保证金不足以抵减发包人工程缺陷修复费用的，承包人应承担不足部分的补偿责任。

5.3.5 任务工作页

专业		授课教师	
工作项目	工程量清单计价基础知识	工作任务	竣工结算与支付简介
知识学习与任务完成过程	1. 什么是竣工结算？ 2. 竣工结算编制与复核的依据有哪些？ 3. 竣工结算中的其他项目费如何编制？ 4. 熟悉编制竣工结算所使用的表格。		

	序号	评价项目及权重		学生自评	老师评价
任务完成情况评价	1	工作纪律和态度（20分）			
	2	任务完成情况（80分）	第1题（20分）		
	3		第2题（20分）		
	4		第3题（20分）		
	5		第4题（20分）		
		小计			
		总分			

项目6 建筑面积计算

任务 6.1 建筑面积概述

6.1.1 任务内容

掌握以下知识点，完成以下任务

（一）建筑面积的概述

1. 建筑物

2. 构筑物

3. 建筑面积

4. 结构面积

5. 辅助面积

6. 套内面积

（二）建筑面积的作用

（三）相关名词解释

1. 自然层

2. 层高

3. 围护结构

4. 建筑空间

5. 坡屋顶

6. 净高

7. 维护设施

8. 地下室

9. 半地下室

10. 架空层

11. 走廊

12. 架空走廊

13. 结构层

14. 落地橱窗

15. 凸窗（飘窗、阳光窗）

16. 檐廊

17. 挑廊

18. 连廊

19. 门斗

20. 雨篷

21. 楼梯

22. 阳台

23. 变形缝

24. 骑楼

25. 过街楼

26. 建筑物通道

27. 露台

28. 勒脚

29. 台阶

6.1.2　任务分析

为完成任务，必须翻阅相关建筑书籍，掌握建筑面积的概念和作用以及相关术语。

6.1.3　任务目的

1. 了解建筑面积的知识；

2. 掌握建筑面积计算的概念、作用和相关术语。

6.1.4　任务要求

以个人为单位，利用云南省 2013 版计价依据及清单规范完成学生工作页。

6.1.5　任务计划

学生参考云南省 2013 版建设工程造价计价依据，《房屋建筑与装饰工程工程量计算规范》GB 50854—2013 完成任务，任务计划时间 2 学时。

6.1.6　任务工作页

专业		授课教师	
工作项目	建筑面积概述	工作任务	相关概念学习
知识准备	什么是建筑物？什么是构筑物？		
知识学习与任务完成过程	1. 建筑面积的概念。 2. 建筑面积的作用。 3. 相关名词解释。		

	序号	评价项目及权重		学生自评	老师评价
任务完成情况评价	1	工作纪律和态度（20分）			
	2	知识准备或知识回顾（20分）			
	3	任务完成情况（60分）	① 建筑面积的概述（20分）		
	4		② 建筑面积的作用（20分）		
	5		③ 相关名词解释（20分）		
		小计			
		总分			

任务6.2 建筑面积计算

6.2.1 任务资料

学习建筑面积的计算规则，并根据以下平面图计算建筑面积。

1. 条件：某单层建筑物外墙轴线尺寸如图6-1所示，墙厚均为240，轴线坐中，试计算建筑面积。

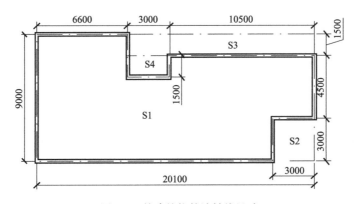

图6-1 某建筑物外墙轴线尺寸

2. 条件：某五层建筑物的各层建筑面积一样，底层外墙尺寸如图6-2所示，墙厚均为240，试计算建筑面积。（轴线居中）

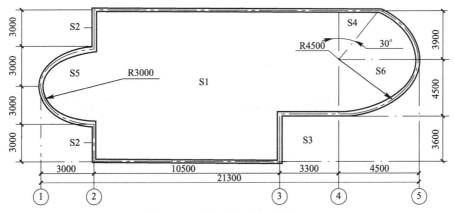

图6-2 某建筑物底层外墙尺寸

6.2.2　任务分析

为完成任务，必须根据《云南省房屋建筑与装饰工程消耗量定额》中建筑面积计算规则和图纸内容，计算出建筑面积。

6.2.3　任务目的

掌握建筑面积的计算规则。

6.2.4　任务要求

以个人为单位，利用云南省 2013 版计价依据及清单规范完成学生工作页。

6.2.5　任务计划

学生参考云南省 2013 版建设工程造价计价依据，《房屋建筑与装饰工程工程量计算规范》GB 50854—2013 完成任务，任务计划时间 6 学时。

6.2.6　任务工作页

专业		授课教师	
工作项目	建筑面积计算规则	工作任务	建筑面积计算
知识回顾	1. 什么是建筑面积？ 2. 回顾建筑面积计算规则。		
知识学习与任务完成过程	1. 建筑面积的计算 1。 2. 建筑面积的计算 2。		

任务完成情况评价	序号	评价项目及权重		学生自评	老师评价
	1	工作纪律和态度（20 分）			
	2	知识准备或知识回顾（20 分）			
	3	任务完成情况 （60 分）	① 建筑面积的计算规则（20 分）		
	4		② 建筑面积的计算 1（20 分）		
	5		③ 建筑面积的计算 2（20 分）		
		小计			
		总分			

项目7 土石方工程

任务 7.1 土石方工程基础知识

7.1.1 任务内容

学习土石方工程的以下基础知识：

土壤、岩石分类表

土、石方体积折算系数表

挖沟槽时的放坡

工作面增加宽度

工程量清单项目设置

7.1.2 任务分析

为完成任务，必须学习土石方工程基础知识。

7.1.3 任务目的

1. 熟悉土壤类别划分、岩石类别；

2. 熟悉土、石方体积折算、挖沟槽时的放坡、工作面增加宽度；

3. 熟悉土石方工程工程量清单项目设置。

7.1.4 任务要求

以个人为单位，利用云南省 2013 版计价依据及清单规范完成学生工作页。

7.1.5 任务计划

学生参考云南省 2013 版建设工程造价计价依据，《房屋建筑与装饰工程工程量计算规范》GB 50854—2013 完成任务，任务计划时间 2 学时。

7.1.6 任务工作页

专业		授课教师	
工作项目	土石方工程基础知识	工作任务	相关概念学习
知识准备	土石方工程的内容？		

知识学习与任务完成过程	1. 土的类别划分、岩石类别；				
	2. 土、石方体积折算、挖沟槽时的放坡、工作面增加宽度；				
	3. 土石方工程工程量清单项目设置。				

任务完成情况评价	序号	评价项目及权重		学生自评	老师评价
	1	工作纪律和态度（20分）			
	2	知识准备或知识回顾（20分）			
	3	任务完成情况（60分）	① 土、岩石类别（20分）		
	4		② 土石方相关工艺（20分）		
	5		③ 清单工程量设置（20分）		
		小计			
		总分			

任务 7.2　平整场地

7.2.1　任务资料

根据以下基础图确定该工程平整场地的分部分项工程费。

条件：根据设计施工图（图 7-1），土为三类，场地内采用双轮车运土 50m。

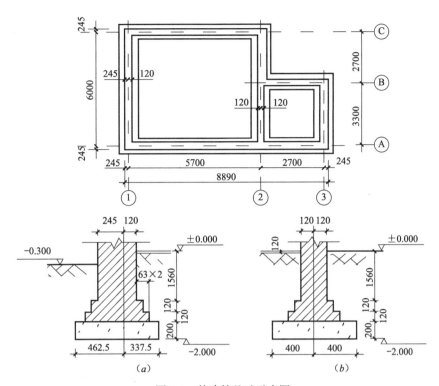

图 7-1 某建筑基础示意图

(a) 外墙基础剖面图；(b) 内墙基础剖面图

7.2.2 任务分析

为完成任务，必须根据图纸将平整场地的清单工程量计算出来，并确定其综合单价，从而得到该项目的分部分项工程费。

7.2.3 任务目的

1. 会编制平整场地项目工程量清单；

2. 会确定平整场地项目的综合单价；

3. 会确定平整场地项目分部分项工程费。

7.2.4 任务要求

以个人为单位，利用云南省 2013 版计价依据及清单规范完成学生工作页。

7.2.5 任务计划

学生参考云南省 2013 版建设工程造价计价依据，《房屋建筑与装饰工程工程量计算规范》GB 50854—2013 完成任务，任务计划时间 2 学时。

7.2.6 任务工作页

专业		授课教师	
工作项目	平整场地	工作任务	分部分项工程费确定
知识准备	平整场地的概念？		

| | 1. 工程量清单的编制
(1) 任务中平整场地的内容？

查找出清单编制的项目编码、项目名称、计量单位、项目特征的规定，结合任务资料将其填写在"清单与计价表"中相应位置上。
(2) 清单工程量计算
写出相应项目清单工程量计算规则，计算任务中的清单工程量，并将计算结果填写在"清单与计价表"中。
计算规则：

计算过程：

2. 综合单价的确定
(1) 翻阅《房屋建筑与装饰工程工程量计算规范》GB 50854—2013 查找出平整场地的工作内容并进行分析。
任务中综合单价的确定需考虑：

(2) 综合单价确定中相关定额工程量的计算
翻阅《云南省房屋建筑与装饰工程消耗量定额》查找出相关定额工程量计算规则并与清单工程量计算规则进行比较。
定额计算规则：

计算过程：

(3) 计算综合单价，填写完整"综合单价分析表"。

3. 分部分项工程费的确定
填写完整分部分项工程清单与计价表。 |

分部分项工程清单与计价表

序号	项目编码	项目名称	项目特征描述	计量单位	工程量	金额（元）				
						综合单价	合价	其中		
								人工费	机械费	暂估价

左侧栏：知识学习与任务完成过程

知识学习与任务完成过程	综合单价分析表														
	序号	项目编码	项目名称	计量单位	工程量	清单综合单价组成明细									综合单价
						定额编号	定额名称	定额单位	数量	单价			合价			
										人工费	材料费	机械费	人工费	材料费	机械费	管理费和利润

任务完成情况评价	序号	评价项目及权重		学生自评	老师评价
	1	工作纪律和态度（20分）			
	2	知识准备或知识回顾（20分）			
	3	任务完成情况（60分）	① 工程量清单的编制（20分）		
	4		② 综合单价的确定（20分）		
	5		③ 分部分项工程费的确定（10分）		
	6		④ 表格填写的规范与完整（10分）		
		小计			
		总分			

任务 7.3　挖基础土方

7.3.1　任务资料

根据以下基础图确定该工程挖基础土方项目的分部分项工程费。

条件：根据设计施工图（图 7-2）并结合施工方案，基槽由混凝土基础下表面开始放坡，混凝土基础支模，土为三类，该工程为四类土建工程，采用人工开挖，回填土为人工夯填；场地内采用双轮车运土 50m，其工程量为 40m³，余土采用机动翻斗车外运 600m，其工程量为 25m³。

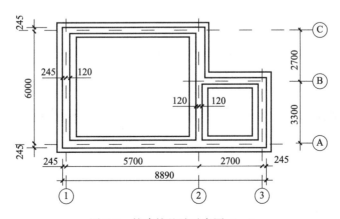

图 7-2　某建筑基础示意图（一）

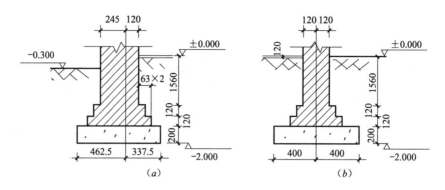

图 7-2　某建筑基础示意图（二）

(a) 外墙基础剖面图；(b) 内墙基础剖面图

7.3.2　任务分析

为完成任务，必须根据图纸将挖基础土方的清单工程量计算出来，并确定其综合单价，从而得到该项目的分部分项工程费。

7.3.3　任务目的

1. 会编制挖基础土方工程量清单；
2. 会确定挖基础土方项目的综合单价；
3. 会确定挖基础土方项目分部分项工程费。

7.3.4　任务要求

以个人为单位，利用云南省 2013 版计价依据及清单规范完成学生工作页。

7.3.5　任务计划

学生参考《房屋建筑与装饰工程工程量计算规范》GB 50854—2013 完成任务，任务计划时间 6 学时。

7.3.6　任务工作页

专业		授课教师	
工作项目	挖基础土方	工作任务	分部分项工程费确定
知识准备	挖基础土方是怎样组成的？		
知识学习与任务完成过程	1. 工程量清单的编制 (1) 任务中挖基础土方的做法是怎样的？		

知识学习与任务完成过程	查找出清单编制的项目编码、项目名称、计量单位、项目特征的规定，结合任务资料将其填写在"清单与计价表"中相应位置上。 （2）清单工程量计算 写出相应项目清单工程量计算规则，计算任务中的清单工程量，并将计算结果填写在"清单与计价表"中。 计算规则： 计算过程： 2. 综合单价的确定 （1）翻阅《房屋建筑与装饰工程工程量计算规范》GB 50854—2013查找出边挖基础土方的工作内容并进行分析。 任务中综合单价的确定需考虑： （2）综合单价确定中相关定额工程量的计算 翻阅《云南省房屋建筑与装饰工程消耗量定额》查找出相关定额工程量计算规则并与清单工程量计算规则进行比较。 定额计算规则： 计算过程： （3）计算综合单价，填写完整"综合单价分析表"。 3. 分部分项工程费的确定 填写完整分部分项工程清单与计价表。

分部分项工程清单与计价表

序号	项目编码	项目名称	项目特征描述	计量单位	工程量	金额（元）				
						综合单价	合价	其中		
								人工费	机械费	暂估价

知识学习与任务完成过程	综合单价分析表													

综合单价分析表

					清单综合单价组成明细									
序号	项目编码	项目名称	计量单位	工程量	定额编号	定额名称	定额单位	数量	单价			合价			综合单价
									人工费	材料费	机械费	人工费	材料费	机械费	管理费和利润	

（以上为"知识学习与任务完成过程"行内含综合单价分析表）

任务完成情况评价	序号	评价项目及权重		学生自评	老师评价
	1	工作纪律和态度（20分）			
	2	知识准备或知识回顾（20分）			
	3	任务完成情况（60分）	① 工程量清单的编制（20分）		
	4		② 综合单价的确定（20分）		
	5		③ 分部分项工程费的确定（10分）		
	6		④ 表格填写的规范与完整（10分）		
	小计				
	总分				

任务 7.4 土 方 回 填

7.4.1 任务资料

根据以下基础图确定该工程土方回填的分部分项工程费。

条件：根据设计施工图（图 7-3）并结合施工方案，基槽由混凝土基础下表面开始放坡，混凝土基础支模，土为三类，该工程为四类土建工程，采用人工开挖，回填土为人工夯填，场地内采用双轮车运土 50m，其工程量为 40m³，余土采用机动翻斗车外运 600m，其工程量为 25m³。

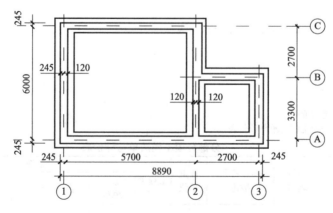

图 7-3 某建筑基础平面图（一）

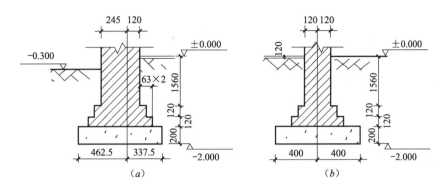

图 7-3　某建筑基础平面图（二）

（a）外墙基础剖面图；（b）内墙基础剖面图

7.4.2　任务分析

为完成任务，必须根据图纸将土方回填的清单工程量计算出来，并确定其综合单价，从而得到该项目的分部分项工程费。

7.4.3　任务目的

1. 会编制土方回填项目工程量清单；

2. 会确定土方回填项目的综合单价；

3. 会确定土方回填项目分部分项工程费。

7.4.4　任务要求

以个人为单位，利用云南省 2013 版计价依据及清单规范完成学生工作页。

7.4.5　任务计划

学生参考《房屋建筑与装饰工程工程量计算规范》GB 50854—2013 完成任务，任务计划时间 3 学时。

7.4.6　任务工作页

专业		授课教师	
工作项目	土方回填	工作任务	分部分项工程费确定
知识准备	土方回填的内容是什么？		
知识学习与任务完成过程	1. 工程量清单的编制 (1) 任务中土方回填的做法是怎样的？		

查找出清单编制的项目编码、项目名称、计量单位、项目特征的规定，结合任务资料将其填写在"清单与计价表"中相应位置上。

（2）清单工程量计算

写出相应项目清单工程量计算规则，计算任务中的清单工程量，并将计算结果填写在"清单与计价表"中。

计算规则：

计算过程：

2. 综合单价的确定

（1）翻阅《房屋建筑与装饰工程工程量计算规范》GB 50854—2013 查找出边土方回填的工作内容并进行分析。

任务中综合单价的确定需考虑：

（2）综合单价确定中相关定额工程量的计算

翻阅《云南省房屋建筑与装饰工程消耗量定额》查找出相关定额工程量计算规则并与清单工程量计算规则进行比较。

定额计算规则：

计算过程：

（3）计算综合单价，填写完整"综合单价分析表"。

3. 分部分项工程费的确定

填写完整分部分项工程清单与计价表。

分部分项工程清单与计价表

序号	项目编码	项目名称	项目特征描述	计量单位	工程量	金额（元）				
						综合单价	合价	其中		
								人工费	机械费	暂估价

知识学习与任务完成过程

知识学习与任务完成过程	综合单价分析表														
	序号	项目编码	项目名称	计量单位	工程量	清单综合单价组成明细									综合单价
						定额编号	定额名称	定额单位	数量	单价			合价			
										人工费	材料费	机械费	人工费	材料费	机械费	管理费和利润	

	序号	评价项目及权重		学生自评	老师评价
任务完成情况评价	1	工作纪律和态度（20分）			
	2	知识准备或知识回顾（20分）			
	3	任务完成情况（60分）	① 工程量清单的编制（20分）		
	4		② 综合单价的确定（20分）		
	5		③ 分部分项工程费的确定（10分）		
	6		④ 表格填写的规范与完整（10分）		
	小计				
	总分				

任务 7.5 余方弃置

7.5.1 任务资料

根据以下基础图确定该工程余方弃置的分部分项工程费。

条件：根据设计施工图（图 7-4）并结合施工方案，基槽由混凝土基础下表面开始放坡，混凝土基础支模，土为三类，该工程为四类土建工程，采用人工开挖，回填土为人工夯填，场地内采用双轮车运土 50m，其工程量为 40m³，余土采用机动翻斗车外运 600m，其工程量为 25m³。

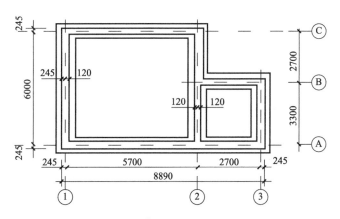

图 7-4　某建筑基础平面图（一）

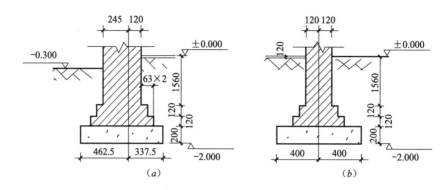

图 7-4　某建筑基础平面图（二）

（a）外墙基础剖面图；（b）内墙基础剖面图

7.5.2　任务分析

为完成任务，必须根据图纸将余方弃置的清单工程量计算出来，并确定其综合单价，从而得到该项目的分部分项工程费。

7.5.3　任务目的

1. 会编制余方弃置工程量清单；

2. 会确定余方弃置项目的综合单价；

3. 会确定余方弃置项目分部分项工程费。

7.5.4　任务要求

以个人为单位，利用云南省 2013 版计价依据及清单规范完成学生工作页。

7.5.5　任务计划

学生参考《房屋建筑与装饰工程工程量计算规范》GB 50854—2013 完成任务，任务计划时间 2 学时。

7.5.6　任务工作页

专业		授课教师	
工作项目	余方弃置	工作任务	分部分项工程费确定
知识准备	余方弃置的工作内容？		
知识学习与任务完成过程	1. 工程量清单的编制 (1) 任务中余方弃置的做法是怎样的？		

查找出清单编制的项目编码、项目名称、计量单位、项目特征的规定，结合任务资料将其填写在"清单与计价表"中相应位置上。

（2）清单工程量计算

写出相应项目清单工程量计算规则，计算任务中的清单工程量，并将计算结果填写在"清单与计价表"中。

计算规则：

计算过程：

2. 综合单价的确定

（1）翻阅《房屋建筑与装饰工程工程量计算规范》GB 50854—2013 查找出余方弃置工作内容并进行分析。

任务中综合单价的确定需考虑：

（2）综合单价确定中相关定额工程量的计算

翻阅《云南省房屋建筑与装饰工程消耗量定额》查找出相关定额工程量计算规则并与清单工程量计算规则进行比较。

定额计算规则：

计算过程：

（3）计算综合单价，填写完整"综合单价分析表"。

（4）分部分项工程费的确定

填写完整分部分项工程清单与计价表。

左侧单元格： 知识学习与任务完成过程

分部分项工程清单与计价表

序号	项目编码	项目名称	项目特征描述	计量单位	工程量	金额（元）				
						综合单价	合价	其中		
								人工费	机械费	暂估价

知识学习与任务完成过程	综合单价分析表															
	序号	项目编码	项目名称	计量单位	工程量	清单综合单价组成明细										综合单价
						定额编号	定额名称	定额单位	数量	单价			合价			
										人工费	材料费	机械费	人工费	材料费	机械费	管理费和利润	

Note: The above "综合单价" column header spans to the right of the table structure.

任务完成情况评价	序号	评价项目及权重		学生自评	老师评价
	1	工作纪律和态度（20分）			
	2	知识准备或知识回顾（20分）			
	3	任务完成情况（60分）	①工程量清单的编制（20分）		
	4		②综合单价的确定（20分）		
	5		③分部分项工程费的确定（10分）		
	6		④表格填写的规范与完整（10分）		
		小计			
		总分			

项目8 地基处理与边坡支护工程

任务 8.1 地基处理与边坡支护工程基础知识

8.1.1 任务内容

掌握地基处理与边坡支护工程的基础知识：

土质鉴别

喷粉桩（深层搅拌桩）、高压旋喷桩

护坡砂浆土钉、预应力锚杆

清单项目设置

8.1.2 任务分析

为完成任务，必须学习地基处理与边坡支护工程基础知识。

8.1.3 任务目的

1. 熟悉土质鉴别及相关施工工艺；

2. 喷粉桩（深层搅拌桩）、高压旋喷桩；

3. 护坡砂浆土钉、预应力锚杆。

8.1.4 任务要求

以个人为单位，利用云南省 2013 版计价依据及清单规范完成学生工作页。

8.1.5 任务计划

学生参考《房屋建筑与装饰工程工程量计算规范》GB 50854—2013 完成任务，任务计划时间 1 学时。

8.1.6 任务工作页

专业		授课教师	
工作项目	地基处理与边坡支护工程基础知识	工作任务	相关概念学习
知识准备	地基处理与边坡支护工程的内容？		
知识学习与任务完成过程	1. 土质鉴别 2. 喷粉桩（深层搅拌桩）、高压旋喷桩		

知识学习与任务完成过程	3. 护坡砂浆土钉、预应力锚杆				

	序号	评价项目及权重		学生自评	老师评价
任务完成情况评价	1	工作纪律和态度（20分）			
	2	知识准备或知识回顾（20分）			
	3	任务完成情况（60分）	① 土质鉴别（20分）		
	4		② 喷粉桩、高压旋喷桩（20分）		
	5		③ 护坡砂浆土钉、预应力锚杆（20分）		
		小计			
		总分			

任务 8.2 地 基 处 理

8.2.1 任务资料

根据下图确定该工程地基处理的分部分项工程费。

某幢别墅工程基底为可塑黏土，不能满足设计承载力要求，采用水泥粉煤灰碎石桩进行地基处理，桩径为 400mm，桩体混凝土强度等级为 C20，桩数为 52 根，设计桩长为 10m，桩端进入硬塑黏土层不少于 1.5m，桩顶在地面以下 2m，水泥粉煤灰碎石桩采用振动沉管灌注桩施工，桩顶采用 200mm 厚人工级配砂石（砂：碎石＝3：7，最大粒径 30mm）作为褥垫层，如图 8-1 所示。

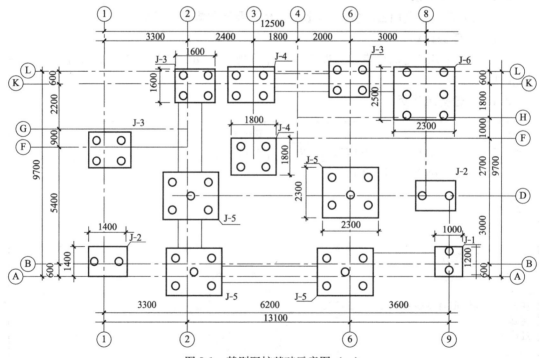

图 8-1 某别墅桩基础示意图（一）

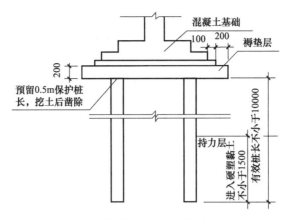

图 8-1　某别墅桩基础示意图（二）

8.2.2　任务分析

为完成任务，必须根据图纸将挖地基处理的清单工程量计算出来，并确定其综合单价，从而得到该项目的分部分项工程费。

8.2.3　任务目的

1. 会编制地基处理项目工程量清单；

2. 会确定地基处理项目的综合单价；

3. 会确定地基处理项目分部分项工程费。

8.2.4　任务要求

以个人为单位，利用云南省 2013 版计价依据及清单规范完成学生工作页。

8.2.5　任务计划

学生参考《房屋建筑与装饰工程工程量计算规范》GB 50854—2013 完成任务，任务计划时间 4 学时。

8.2.6　附录

部分材料价格：

水泥粉煤灰碎石桩市场价格：35 元/m³；

碎石 10mm～20mm：80 元/m³

8.2.7　任务工作页

专业		授课教师	
工作项目	地基处理工程	工作任务	分部分项工程费确定
知识准备	地基处理是怎样组成的？		
知识学习与任务完成过程	1. 工程量清单的编制 (1) 任务中地基处理的做法是怎样的？		

查找出清单编制的项目编码、项目名称、计量单位、项目特征的规定，结合任务资料将其填写在"清单与计价表"中相应位置上。

(2) 清单工程量计算

写出相应项目清单工程量计算规则，计算任务中的清单工程量，并将计算结果填写在"清单与计价表"中。

计算规则：

计算过程：

2. 综合单价的确定

(1) 翻阅《房屋建筑与装饰工程工程量计算规范》GB 50854—2013 查找出水泥粉煤灰碎石桩的工作内容并进行分析。

任务中综合单价的确定需考虑：

(2) 综合单价确定中相关定额工程量的计算

翻阅《云南省房屋建筑与装饰工程消耗量定额》查找出相关定额工程量计算规则并与清单工程量计算规则进行比较。

定额计算规则：

计算过程：

(3) 计算综合单价，填写完整"综合单价分析表"。

3. 分部分项工程费的确定

填写完整分部分项工程清单与计价表。

分部分项工程清单与计价表

序号	项目编码	项目名称	项目特征描述	计量单位	工程量	金额（元）				
						综合单价	合价	其中		
								人工费	机械费	暂估价

左侧栏：知识学习与任务完成过程

综合单价分析表

序号	项目编码	项目名称	计量单位	工程量	清单综合单价组成明细										综合单价
					定额编号	定额名称	定额单位	数量	单价			合价				
									人工费	材料费	机械费	人工费	材料费	机械费	管理费和利润	

表格最左侧为：知识学习与任务完成过程

综合单价材料明细表

序号	项目编码	项目名称	计量单位	工程量	材料组成明细						
					主要材料名称、规格、型号	单位	数量	单价（元）	合价（元）	暂估材料单价（元）	暂估材料合价（元）
					其他材料费	—		—		—	
					材料费小计	—		—		—	
					其他材料费	—		—		—	
					材料费小计	—		—		—	

	序号	评价项目及权重	学生自评	老师评价
任务完成情况评价	1	工作纪律和态度（20分）		
	2	知识准备或知识回顾（20分）		
	3	任务完成情况（60分）① 工程量清单的编制（20分）		
	4	② 综合单价的确定（20分）		
	5	③ 分部分项工程费的确定（10分）		
	6	④ 表格填写的规范与完整（10分）		
		小计		
		总分		

任务 8.3 基坑与边坡支护

8.3.1 任务资料

根据图 8-2 确定该工程基坑与边坡支护的分部分项工程费（不考虑挂网及锚杆、喷射平台等内容）。

某边坡工程采用土钉支护，根据岩土工程勘察报告，地层为带块石的碎石土，土钉成孔直径为 90mm，采用 1 根 HRB335，直径 25mm 的钢筋作为杆体，成孔深度均为 10.0m，土钉入射倾角为 15 度，杆筋送入钻孔后，灌注 M30 水泥砂浆。混凝土面板采用 C20 喷射混凝土，厚度为 120mm。

8.3.2 任务分析

为完成任务，必须根据图纸将挖基坑与边坡支护的清单工程量计算出来，并确定其综合单价，从而得到该项目的分部分项工程费。

8.3.3 任务目的

1. 会编制边坡支护工程项目工程量清单；

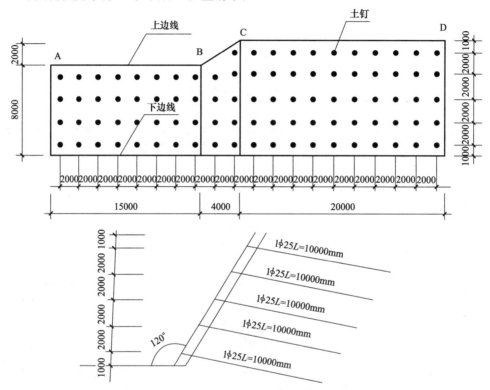

图 8-2 某边坡工程土钉支护示意图

2. 会确定边坡支护工程项目的综合单价；

3. 会确定边坡支护工程项目分部分项工程费。

8.3.4 任务要求

以个人为单位，利用云南省 2013 版计价依据及清单规范完成学生工作页。

8.3.5 任务计划

学生参考《房屋建筑与装饰工程工程量计算规范》GB 50854—2013 完成任务，任务计划时间 4 学时

8.3.6 附录

部分材料价格：

素水泥浆的市场价格：357.66 元/m³；

碎石 10mm～20mm：80 元/m³；

喷射混凝土：250 元/m³。

8.3.7 任务工作页

专业		授课教师	
工作项目	边坡支护工程	工作任务	分部分项工程费确定
知识准备	边坡支护工程是怎样组成的?		
知识学习与任务完成过程	1. 工程量清单的编制 (1) 任务中边坡支护工程的做法是怎样的? 查找出清单编制的项目编码、项目名称、计量单位、项目特征的规定,结合任务资料将其填写在"清单与计价表"中相应位置上。 (2) 清单工程量计算 写出相应项目清单工程量计算规则,计算任务中的清单工程量,并将计算结果填写在"清单与计价表"中。 计算规则: 计算过程: 2. 综合单价的确定 (1) 翻阅《房屋建筑与装饰工程工程量计算规范》GB 50854—2013查找出边坡支护工程的工作内容并进行分析。 任务中综合单价的确定需考虑: (2) 综合单价确定中相关定额工程量的计算 翻阅《云南省房屋建筑与装饰工程消耗量定额》查找出相关定额工程量计算规则并与清单工程量计算规则进行比较。 定额计算规则: 计算过程:		

（3）计算综合单价，填写完整"综合单价分析表"。

3. 分部分项工程费的确定
填写完整分部分项工程清单与计价表。

分部分项工程清单与计价表

序号	项目编码	项目名称	项目特征描述	计量单位	工程量	金额（元）				
						综合单价	合价	其中		
								人工费	机械费	暂估价

综合单价分析表

序号	项目编码	项目名称	计量单位	工程量	清单综合单价组成明细									综合单价
					定额编号	定额名称	定额单位	数量	单价			合价			
									人工费	材料费	机械费	人工费	材料费	机械费	管理费和利润	

综合单价材料明细表

序号	项目编码	项目名称	计量单位	工程量	材料组成明细						
					主要材料名称、规格、型号	单位	数量	单价（元）	合价（元）	暂估材料单价（元）	暂估材料合价（元）
					其他材料费	—		—		—	
					材料费小计	—		—		—	
					其他材料费	—		—		—	
					材料费小计	—		—		—	

（知识学习与任务完成过程）

任务完成情况评价

序号	评价项目及权重		学生自评	老师评价
1	工作纪律和态度（20分）			
2	知识准备或知识回顾（20分）			
3	任务完成情况（60分）	① 工程量清单的编制（20分）		
4		② 综合单价的确定（20分）		
5		③ 分部分项工程费的确定（10分）		
6		④ 表格填写的规范与完整（10分）		
	小计			
	总分			

项目 9 桩 基 工 程

任务 9.1 桩基工程基础知识

9.1.1 任务资料

掌握桩基工程的基础知识：

混凝土预制桩

混凝土灌注桩

9.1.2 任务分析

为完成任务，必须学习桩基工程基础知识。

9.1.3 任务目的

掌握混凝土预制桩、混凝土灌注桩的相关工艺。

9.1.4 任务要求

以个人为单位，利用云南省 2013 版计价依据及清单规范完成学生工作页。

9.1.5 任务计划

学生参考《房屋建筑与装饰工程工程量计算规范》GB 50854—2013 完成任务，任务计划时间 1 学时。

9.1.6 任务工作页

专业		授课教师	
工作项目	桩基工程基础知识	工作任务	相关概念学习
知识准备	桩基工程的内容？		
知识学习与任务完成过程	1. 混凝土预制桩 2. 混凝土灌注桩		

	序号	评价项目及权重		学生自评	老师评价
任务完成情况评价	1	工作纪律和态度（20分）			
	2	知识准备或知识回顾（20分）			
	3	任务完成情况（60分）	① 混凝土预制桩（30分）		
	4		② 混凝土灌制桩（30分）		
		小计			
		总分			

任务 9.2　预制钢筋混凝土桩

9.2.1　任务资料

某工程有预应力管柱 220 根，平均桩长为 20m，混凝土强度等级 C30，桩径为 φ400mm，钢桩尖每个重 35kg。接桩采用焊接法。按设计要求桩需进入强风化岩 0.5m。据工程地质勘察资料知：土壤级别为二级土。要求编制"预应力管桩"工程量清单及清单报价。确定该工程预制钢筋混凝土桩的分部分项工程费。

9.2.2　任务分析

为完成任务，必须根据图纸将挖预制钢筋混凝土桩的清单工程量计算出来，并确定其综合单价，从而得到该项目的分部分项工程费。

9.2.3　任务目的

1. 会编制预制钢筋混凝土桩项目工程量清单；
2. 会确定预制钢筋混凝土桩项目的综合单价；
3. 会确定预制钢筋混凝土桩项目分部分项工程费。

9.2.4　任务要求

以个人为单位，利用云南省 2013 版计价依据及清单规范完成学生工作页。

9.2.5　任务计划

学生参考《房屋建筑与装饰工程工程量计算规范》GB 50854—2013 完成任务，任务计划时间 4 学时。

9.2.6　附录

部分材料价格：

钢筋混凝土管桩的市场价格：128.4 元/m；

热轧厚钢板 δ6～7 的市场价格：4100 元/t。

9.2.7　任务工作页

专业		授课教师	
工作项目	预制钢筋混凝土桩	工作任务	分部分项工程费确定
知识准备	预制桩是怎样组成的？		

知识学习与任务完成过程	1. 工程量清单的编制 (1) 任务中混凝土预制桩的做法是怎样的? 查找出清单编制的项目编码、项目名称、计量单位、项目特征的规定,结合任务资料将其填写在"清单与计价表"中相应位置上。 (2) 清单工程量计算 写出相应项目清单工程量计算规则,计算任务中的清单工程量,并将计算结果填写在"清单与计价表"中。 计算规则: 计算过程: 2. 综合单价的确定 (1) 翻阅《房屋建筑与装饰工程工程量计算规范》GB 50854—2013 查找出预制钢筋混凝土桩的工作内容并进行分析。 任务中综合单价的确定需考虑: (2) 综合单价确定中相关定额工程量的计算 翻阅《云南省房屋建筑与装饰工程消耗量定额》查找出相关定额工程量计算规则并与清单工程量计算规则进行比较。 定额计算规则: 计算过程: (3) 计算综合单价,填写完整"综合单价分析表"。 3. 分部分项工程费的确定 填写完整分部分项工程清单与计价表。

分部分项工程清单与计价表

序号	项目编码	项目名称	项目特征描述	计量单位	工程量	金额(元)				
						综合单价	合价	其中		
								人工费	机械费	暂估价

109

综合单价分析表

序号	项目编码	项目名称	计量单位	工程量	清单综合单价组成明细										综合单价
					定额编号	定额名称	定额单位	数量	单价			合价			
									人工费	材料费	机械费	人工费	材料费	机械费	管理费和利润	

说明:左侧为"知识学习与任务完成过程"

综合单价材料明细表

序号	项目编码	项目名称	计量单位	工程量	材料组成明细						
					主要材料名称、规格、型号	单位	数量	单价(元)	合价(元)	暂估材料单价(元)	暂估材料合价(元)
					其他材料费	—				—	
					材料费小计	—				—	

任务完成情况评价	序号	评价项目及权重		学生自评	老师评价
	1	工作纪律和态度(20分)			
	2	知识准备或知识回顾(20分)			
	3	任务完成情况(60分)	① 工程量清单的编制(20分)		
	4		② 综合单价的确定(20分)		
	5		③ 分部分项工程费的确定(10分)		
	6		④ 表格填写的规范与完整(10分)		
		小计			
		总分			

任务 9.3 混凝土灌注桩

9.3.1 任务资料

某工程采用排桩进行基坑支护,排桩采用旋挖钻孔灌注桩进行施工。场地地面标高为495.50~496.10,旋挖桩桩径为1000mm,桩长为20m,采用水下商品混凝土C30,桩顶标高为493.50,桩数为206根,超灌高度不少于1m。根据地质情况,采用5mm厚钢护筒,护筒长度不少于3m,二级土。确定该工程混凝土灌注桩的分部分项工程费。

9.3.2 任务分析

为完成任务,必须将混凝土灌注桩的清单工程量计算出来,并确定其综合单价,从而得到该项目的分部分项工程费。

9.3.3 任务目的

1. 会编制混凝土灌注桩项目工程量清单;
2. 会确定混凝土灌注桩项目的综合单价;
3. 会确定混凝土灌注桩项目分部分项工程费。

9.3.4 任务要求

以个人为单位,利用云南省2013版计价依据及清单规范完成学生工作页。

9.3.5　任务计划

学生参考《房屋建筑与装饰工程工程量计算规范》GB 50854—2013 完成任务，任务计划时间 4 学时。

9.3.6　任务工作页

专业		授课教师	
工作项目	混凝土灌注桩	工作任务	分部分项工程费确定
知识准备	灌注桩是怎样组成的？		
知识学习与任务完成过程	1. 工程量清单的编制 (1) 任务中混凝土灌注桩的做法是怎样的？ 查找出清单编制的项目编码、项目名称、计量单位、项目特征的规定，结合任务资料将其填写在"清单与计价表"中相应位置上。 (2) 清单工程量计算 写出相应项目清单工程量计算规则，计算任务中的清单工程量，并将计算结果填写在"清单与计价表"中。 计算规则： 计算过程： 2. 综合单价的确定 (1) 翻阅《房屋建筑与装饰工程工程量计算规范》GB 50854—2013 查找出泥浆护壁成孔灌注桩的工作内容并进行分析。 任务中综合单价的确定需考虑： (2) 综合单价确定中相关定额工程量的计算 翻阅《云南省房屋建筑与装饰工程消耗量定额》查找出相关定额工程量计算规则并与清单工程量计算规则进行比较。 定额计算规则： 计算过程：		

（3）计算综合单价，填写完整"综合单价分析表"。

3. 分部分项工程费的确定
填写完整分部分项工程清单与计价表。

分部分项工程清单与计价表

序号	项目编码	项目名称	项目特征描述	计量单位	工程量	金额（元）				
						综合单价	合价	其中		
								人工费	机械费	暂估价

综合单价分析表

序号	项目编码	项目名称	计量单位	工程量	清单综合单价组成明细											综合单价
					定额编号	定额名称	定额单位	数量	单价			合价				
									人工费	材料费	机械费	人工费	材料费	机械费	管理费和利润	

综合单价材料明细表

序号	项目编码	项目名称	计量单位	工程量	材料组成明细						
					主要材料名称、规格、型号	单位	数量	单价（元）	合价（元）	暂估材料单价（元）	暂估材料合价（元）
					其他材料费	—		—			—
					材料费小计	—		—			—
					其他材料费	—		—			—
					材料费小计	—		—			—

知识学习与任务完成过程

	序号	评价项目及权重		学生自评	老师评价
任务完成情况评价	1	工作纪律和态度（20分）			
	2	知识准备或知识回顾（20分）			
	3	任务完成情况（60分）	① 工程量清单的编制（20分）		
	4		② 综合单价的确定（20分）		
	5		③ 分部分项工程费的确定（10分）		
	6		④ 表格填写的规范与完整（10分）		
		小计			
		总分			

项目 10　砌 筑 工 程

任务 10.1　砌筑工程基础知识

10.1.1　任务资料

有基础剖面图如图 10-1 所示，请指出基础与墙身的分界线。

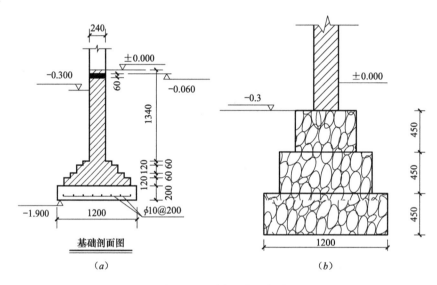

图 10-1　不同基础示意图

10.1.2　任务分析

要准确地指出基础与墙（柱）身的分界线，必须准确掌握基础与墙（柱）身的分界线原则。

10.1.3　任务目的

1. 熟悉砌筑工程基础知识；
2. 掌握基础与墙（柱）身的划分原则。

10.1.4　任务要求

以个人为单位，利用云南省 2013 版消耗量定额完成学生工作页。

10.1.5　任务计划

任务计划时间 2 学时。

10.1.6 任务工作页

专业			授课教师	
工作项目	砌筑工程基本知识		工作任务	基础与墙柱身的划分

知识准备	1. 在工程计量中基础与墙柱身是按什么原则进行划分的？ 2. 标准砖砌体的规格是：＿＿＿＿＿＿＿＿ 3. 每一立方米砖砌体砖和砂浆净用量计算公式为： A＝＿＿＿＿＿＿＿＿＿＿＿ B＝＿＿＿＿＿＿＿＿＿＿＿ 4. 弧形砖基础套用砖基础定额，其人工乘以系数＿＿＿＿＿。
知识学习与任务完成过程	1. 图 10-1（a）中，基础与墙身以＿＿＿＿＿＿为界。 2. 图 10-1（b）中，基础与柱以＿＿＿＿＿＿为界。 3. 试计算一立方米 1.5 砖墙体中砖、砂浆的净用量和消耗量。灰缝按 10mm，砖和砂浆的损耗率按 2％和 1％考虑。 计算过程：

任务完成情况评价	序号	评价项目及权重		学生自评	老师评价
	1	工作纪律和态度（20分）			
	2	知识准备或知识回顾（20分）			
	3	任务完成情况（60分）	① 基础与墙身、柱身的分界线（20分）		
	4		② 砖、砂浆的净用量计算（20分）		
	5		③ 砖、砂浆的消耗量计算（20分）		
		小计			
		总分			

任务 10.2   砖、石带形基础

10.2.1 任务资料

根据以下基础图确定该工程砖基础的分部分项工程费。条件：根据设计施工图并结合施工方案，砖基础设计如图 10-2 所示，外墙厚 370mm、内墙厚 240mm，采用 M5 水泥砂浆砌筑 MU10 免烧标准砖，垫层为 C10 混凝土。

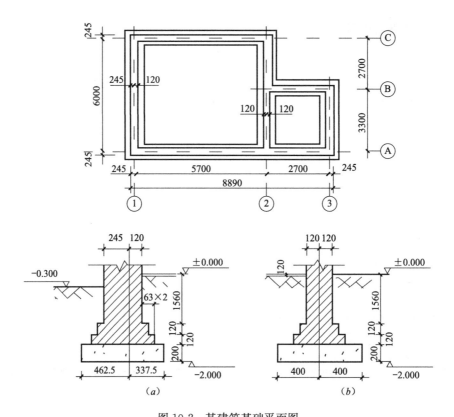

图 10-2 某建筑基础平面图

(a) 外墙基础剖面图；(b) 内墙基础剖面图

10.2.2 任务分析

为完成任务，必须根据图示将基础相应项目的清单工程量计算出来，并确定其综合单价，从而得到该砖基础的分部分项工程费。

10.2.3 任务目的

1. 会编制砖基础项目工程量清单；

2. 会确定砖基础项目的综合单价；

3. 会确定砖基础项目分部分项工程费。

10.2.4 任务要求

以个人为单位，利用云南省 2013 版计价依据及清单规范完成学生工作页。

10.2.5 任务计划

学生参考《房屋建筑与装饰工程工程量计算规范》GB 50854—2013 完成任务，任务计划时间 4 学时。

10.2.6 附录

部分材料价格：

免烧标准砖：480.00 元/千块

砌筑水泥砂浆 M5.0：220.68 元/m³

现浇 C10 混凝土：202.75 元/m³

10.2.7 任务工作页

专业		授课教师	
工作项目	砖、石带形基础	工作任务	分部分项工程费确定

<table>
<tr>
<td rowspan="1">知识准备</td>
<td>
1. 基础与墙（柱）身的界限是如何进行划分的？

2.《房屋建筑与装饰工程工程量计算规范》GB 50854—2013 中是怎样规定砖、石带形基础的工程量计算规则和工作内容的？

</td>
</tr>
<tr>
<td rowspan="1">知识学习与任务完成过程</td>
<td>
1. 工程量清单的编制
(1) 任务中基础的做法是怎样的？埋深、垫层底宽、砖基础起止点标高各是多少？

(2) 查找出清单编制的项目编码、项目名称、计量单位、项目特征的规定，结合任务资料将其填写在"清单与计价表"中相应位置上。
(3) 清单工程量计算
写出相应项目清单工程量计算规则，计算任务中的清单工程量，并将计算结果填写在"清单与计价表"中。
计算规则：

计算过程：

2. 综合单价的确定
(1) 翻阅《房屋建筑与装饰工程工程量计算规范》GB 50854—2013 查找出垫层及砖基础的工作内容并进行分析。
任务中综合单价的确定需考虑：

(2) 综合单价确定中相关定额工程量的计算
翻阅《云南省房屋建筑与装饰工程消耗量定额》查找出相关定额工程量计算规则并与清单工程量计算规则进行比较。
定额计算规则：

</td>
</tr>
</table>

计算过程：

（3）计算综合单价，填写完整"综合单价分析表"。

3. 分部分项工程费的确定
填写完整分部分项工程清单与计价表。

分部分项工程清单与计价表

序号	项目编码	项目名称	项目特征描述	计量单位	工程量	金额（元）				
						综合单价	合价	其中		
								人工费	机械费	暂估价

综合单价分析表

序号	项目编码	项目名称	计量单位	工程量	清单综合单价组成明细										综合单价
					定额编号	定额名称	定额单位	数量	单价			合价				
									人工费	材料费	机械费	人工费	材料费	机械费	管理费和利润	

综合单价材料明细表

序号	项目编码	项目名称	计量单位	工程量	材料组成明细						
					主要材料名称、规格、型号	单位	数量	单价（元）	合价（元）	暂估材料单价（元）	暂估材料合价（元）
					其他材料费		—		—		—
					材料费小计		—		—		—
					其他材料费		—		—		—
					材料费小计		—		—		—

知识学习与任务完成过程

	序号	评价项目及权重		学生自评	老师评价
任务完成情况评价	1	工作纪律和态度（20分）			
	2	知识准备或知识回顾（20分）			
	3	任务完成情况（60分）	① 工程量清单的编制（20分）		
	4		② 综合单价的确定（20分）		
	5		③ 分部分项工程费的确定（10分）		
	6		④ 表格填写的规范与完整（10分）		
		小计			
		总分			

任务10.3 砖 墙

10.3.1 任务资料

根据图10-3确定该工程砖墙的分部分项工程费。

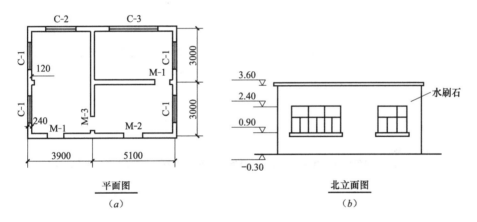

图10-3 某房屋建筑平面图、立面图

条件：如图所示，清水砖墙墙厚240，轴线居中，砖墙为M5混合砂浆砌筑MU10免烧标准砖砖，墙垛尺寸：120mm×240mm；门窗尺寸见下方，门窗洞口均设置240mm×300mm钢筋混凝土过梁，每边搁置长度为250mm，板下设圈梁一道（墙垛、内墙、外墙）断面为240mm×300mm，屋面板厚100mm。基础为砖基础。

M-1：1000mm×2000mm；M-2：1200mm×2000mm；M-3：900mm×2400mm

C-1：1500mm×1500mm；C-2：1800mm×1500mm；C-3：3000mm×1500mm

10.3.2 任务分析

为完成任务，必须识图读图，根据图示及条件把相应项目的清单工程量计算出来，并确定其综合单价，从而得到该砖墙的分部分项工程费。

10.3.3 任务目的

1. 会编制砖墙项目工程量清单；

2. 会确定砖墙项目的综合单价；

3. 会确定砖墙项目分部分项工程费。

10.3.4　任务要求

以个人为单位，利用云南省 2013 版计价依据及清单规范完成学生工作页。

10.3.5　任务计划

学生参考《房屋建筑与装饰工程工程量计算规范》GB 50854—2013 完成任务，任务计划时间 4 学时。

10.3.6　附录

部分材料价格：

免烧标准砖：480.00 元/千块

砌筑混合砂浆 M5.0：259.56 元/m^3

10.3.7　任务工作页

专业		授课教师	
工作项目	砖墙	工作任务	分部分项工程费确定
知识准备	1. 基础与墙（柱）身的界限是如何进行划分的？ 2.《房屋建筑与装饰工程工程量计算规范》GB 50854—2013 中是怎样规定砖墙的工程量计算规则和工作内容的？要注意扣减哪些体积？		
知识学习与任务完成过程	1. 工程量清单的编制 (1) 任务中墙体的做法是怎样的，其计算长度、墙厚各是多少？墙身高度的起止点是什么位置？ (2) 查找出清单编制的项目编码、项目名称、计量单位、项目特征的规定，结合任务资料将其填写在"清单与计价表"中相应位置上。 (3) 清单工程量计算 写出相应项目清单工程量计算规则，计算任务中的清单工程量，并将计算结果填写在"清单与计价表"中。 计算规则： 计算过程：		

2. 综合单价的确定

(1) 翻阅《房屋建筑与装饰工程工程量计算规范》GB 50854—2013 查找出砖墙的工作内容并进行分析。

任务中综合单价的确定需考虑：

(2) 综合单价确定中相关定额工程量的计算

翻阅《云南省房屋建筑与装饰工程消耗量定额》查找出相关定额工程量计算规则并与清单工程量计算规则进行比较。

定额计算规则：

计算过程：

(3) 计算综合单价，填写完整"综合单价分析表"。

3. 分部分项工程费的确定

填写完整分部分项工程清单与计价表。

分部分项工程清单与计价表

序号	项目编码	项目名称	项目特征描述	计量单位	工程量	金额（元）				
						综合单价	合价	其中		
								人工费	机械费	暂估价

综合单价分析表

序号	项目编码	项目名称	计量单位	工程量	清单综合单价组成明细									综合单价
					定额编号	定额名称	定额单位	数量	单价			合价			
									人工费	材料费	机械费	人工费	材料费	机械费	管理费和利润	

知识学习与任务完成过程	综合单价材料明细表										
	序号	项目编码	项目名称	计量单位	工程量	材料组成明细					
						主要材料名称、规格、型号	单位	数量	单价（元）	合价（元）	暂估材料单价（元）	暂估材料合价（元）
						其他材料费	—			—		—
						材料费小计	—			—		—

任务完成情况评价	序号	评价项目及权重		学生自评	老师评价
	1	工作纪律和态度（20分）			
	2	知识准备或知识回顾（20分）			
	3	任务完成情况（60分）	① 工程量清单的编制（20分）		
	4		② 综合单价的确定（20分）		
	5		③ 分部分项工程费的确定（10分）		
	6		④ 表格填写的规范与完整（10分）		
		小计			
		总分			

任务 10.4 其他砌体工程

10.4.1 任务资料

某建筑物门外设一砖砌台阶，用 M5 混合砂浆砌筑 MU10 免烧标准砖，台阶长为 2.7m，剖面图如图 10-4 所示。试计算砖砌台阶的工程量并编制工程量清单。

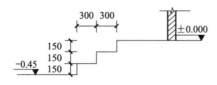

图 10-4 某建筑物砖砌台阶示意图

10.4.2 任务分析

除砖墙、砖基础以外，还有很多零星砖砌体，他们的计算比较特殊，清单列项与定额也有差别，要计算他们的工程量，编制清单，就要熟悉清单规范与消耗量定额。

10.4.3 任务目的

1. 熟悉清单规范与消耗量定额中其他砌体工程相关规定；
2. 掌握清单编制原则。

10.4.4 任务要求

以个人为单位，利用云南省 2013 版消耗量定额完成学生工作页。

10.4.5 任务计划

任务计划时间 2 学时。

10.4.6 任务工作页

专业			授课教师	
工作项目	其他砌体工程		工作任务	工程量清单的编制

<table>
<tr>
<td rowspan="1">知识准备</td>
<td>
1. 定额规定，砖砌台阶（不包括梯带）按_____（包括最上层踏步边沿加_____）以平方米计算。
2. 清单规定：台阶、台阶挡墙、梯带、锅炉、炉灶、蹲台、池槽、池槽腿、花台花池、楼梯栏板、小于等于 0.3m² 的孔洞填塞等，应按_____项目编码列项。砖砌锅台与炉灶可按_____计算，砖砌台阶可按_____计算，小便槽、地垄墙可按_____计算，其他工程以立方米计算。
3. 定额规定：砖砌体均包括了_____用工。加浆勾缝时，另按相应定额计算。
4. 清单规定：砖砌体勾缝按清单规范附录_____中相关项目编码列项。
5. 除混凝土垫层应按_____中相关项目编码列项外，没有包括垫层要求的清单项目应按_____项目编码列项。
</td>
</tr>
<tr>
<td rowspan="1">知识学习与任务完成过程</td>
<td>
1. 清单工程量计算
写出相应项目清单工程量计算规则，计算任务中的清单工程量，并将计算结果填写在"清单与计价表"中。
计算规则：

计算过程：

2. 工程量清单的编制
查找出清单编制的项目编码、项目名称、计量单位、项目特征的规定，以及计算出来的工程量，结合任务资料将其填写在"清单与计价表"中相应位置上。

分部分项工程清单与计价表

<table>
<tr>
<td rowspan="2">序号</td>
<td rowspan="2">项目编码</td>
<td rowspan="2">项目名称</td>
<td rowspan="2">项目特征描述</td>
<td rowspan="2">计量单位</td>
<td rowspan="2">工程量</td>
<td colspan="4">金额（元）</td>
</tr>
<tr>
<td rowspan="1">综合单价</td>
<td rowspan="1">合价</td>
<td colspan="2">其中</td>
</tr>
<tr>
<td></td><td></td><td></td><td></td><td></td><td></td><td></td><td></td><td>人工费 机械费</td><td>暂估价</td>
</tr>
<tr>
<td></td><td></td><td></td><td></td><td></td><td></td><td></td><td></td><td></td><td></td>
</tr>
</table>
</td>
</tr>
</table>

	序号	评价项目及权重		学生自评	老师评价
任务完成情况评价	1	工作纪律和态度（20分）			
	2	知识准备或知识回顾（30分）			
	3	任务完成情况（50分）	① 工程量计算（25分）		
	4		② 清单的编制（25分）		
		小计			
		总分			

项目 11 混凝土工程

任务 11.1 混凝土工程量计算基础知识

11.1.1 任务内容
回答以下问题
1. 混凝土构件的分类是怎么分的？
2. 混凝土工程项目是怎么划分的？
3. 梁、板、柱、基础、楼梯、剪力墙等的混凝土工程量是怎么计算的？

11.1.2 任务分析
为完成任务，必须学会查阅云南省房屋建筑与装饰工程消耗量定额 DBJ53/T—61—2013 和房屋建筑与装饰工程工程量计算规范 GB 50854—2013。

11.1.3 任务目的
混凝土的定额和清单工程量的计算规则以及相关的规定。

11.1.4 任务要求
以个人为单位，利用云南省 2013 版计价依据及清单规范完成学生工作页。

11.1.5 任务计划
学生参考《房屋建筑与装饰工程工程量计算规范》GB 50854—2013 完成任务，任务计划时间 2 学时。

11.1.6 任务工作页

专业		授课教师	
工作项目	混凝土工程量计算基础知识	工作任务	学习混凝土工程量计算规则
知识 准备	1. 混凝土的用途和混凝土构件的分类： 2. 混凝土的特性以及力学性能：		
知识 学习与 任务 完成 过程	回答以下问题 1. 混凝土构件的分类是怎么分的？		

	序号	评价项目及权重	学生自评	老师评价
		2. 混凝土工程项目是怎么划分的?		
知识学习与任务完成过程		3. 梁、板、柱、基础、楼梯、剪力墙等的混凝土工程量是怎么计算的?		
任务完成情况评价	1	工作纪律和态度（20分）		
	2	知识准备或知识回顾（20分）		
	3	任务完成情况（60分）① 第一题（20分）		
	4	② 第二题（20分）		
	5	③ 第三题（20分）		
		小计		
		总分		

任务 11.2　现浇混凝土基础

11.2.1　任务资料

某现浇构件混凝土带形基础，如图 11-1 所示，基础采用 C20 的商品混凝土，试计算现浇钢筋混凝土带形基础的清单工程量，并计算清单综合单价。

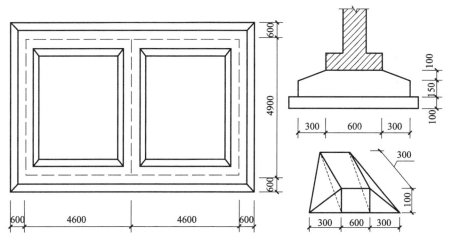

图 11-1　某建筑物带形基础示意图

11.2.2　任务分析

为完成任务，必须根据图示将现浇混凝土基础相应项目的清单工程量计算出来，并确定其综合单价，从而得到该工程地面的分部分项工程费。

11.2.3　任务目的

1. 会编制现浇混凝土基础项目工程量清单；
2. 会确定现浇混凝土基础项目的综合单价；
3. 会确定现浇混凝土基础项目分部分项工程费。

11.2.4　任务要求

以个人为单位，利用云南省 2013 版计价依据及清单规范完成学生工作页。

11.2.5　任务计划

学生参考《房屋建筑与装饰工程工程量计算规范》GB 50854—2013 完成任务，任务计划时间 6 学时。

11.2.6　附录

云南省建设工程造价信息网《价格信息》总第 242 期　2014.3 的材料价格：

商品混凝土：大理地区

商品混凝土 C20：340 元/m³

11.2.7　任务工作页

专业		授课教师	
工作项目	现浇混凝土基础	工作任务	分部分项工程费确定
知识准备	1. 现浇混凝土基础的形式有哪些？ 2. 混凝土基础的相关规范。		
知识学习与任务完成过程	1. 工程量清单的编制 (1) 任务中带形混凝土基础工程量怎么计算？ 查找出现浇混凝土基础（商品混凝土）清单编制的项目编码、项目名称、计量单位、项目特征的规定，结合任务资料将其填写在"清单与计价表"中相应位置上。 (2) 清单工程量计算 写出相应项目清单工程量计算规则，计算任务中的清单工程量，并将计算结果填写在"清单与计价表"中。 现浇混凝土基础计算规则： 计算过程：		

续表

知识学习与任务完成过程

2. 综合单价的确定

(1) 翻阅《房屋建筑与装饰工程工程量计算规范》GB 50854—2013 查找出现浇混凝土基础的工作内容并进行分析。

任务中综合单价的确定需考虑：

(2) 综合单价确定中相关定额工程量的计算

翻阅《云南省房屋建筑与装饰工程消耗量定额》查找出相关定额工程量计算规则并与清单工程量计算规则进行比较。

定额计算规则：

计算过程：

(3) 计算综合单价，填写完整“综合单价分析表”。

3. 分部分项工程费的确定

填写完整分部分项工程清单与计价表。

分部分项工程清单与计价表

序号	项目编码	项目名称	项目特征描述	计量单位	工程量	金额（元）				
						综合单价	合价	其中		
								人工费	机械费	暂估价

综合单价分析表

序号	项目编码	项目名称	计量单位	工程量	清单综合单价组成明细										
					定额编号	定额名称	定额单位	数量	单价			合价				综合单价
									人工费	材料费	机械费	人工费	材料费	机械费	管理费和利润	

综合单价材料明细表

序号	项目编码	项目名称	计量单位	工程量	材料组成明细						
					主要材料名称、规格、型号	单位	数量	单价（元）	合价（元）	暂估材料单价（元）	暂估材料合价（元）
					其他材料费			—		—	—
					材料费小计			—		—	—

	序号	评价项目及权重		学生自评	老师评价
任务完成情况评价	1	工作纪律和态度（20分）			
	2	知识准备或知识回顾（20分）			
	3	任务完成情况（60分）	① 工程量清单的编制（20分）		
	4		② 综合单价的确定（20分）		
	5		③ 分部分项工程费的确定（10分）		
	6		④ 表格填写的规范与完整（10分）		
	小计				
	总分				

任务 11.3　现浇混凝土柱、梁、墙、板

11.3.1　任务资料

任务 1：如图 11-2 所示为某房屋构造中的设置示意图。墙厚为 240mm，构造柱的尺寸为 240mm，柱高均为 15m，混凝土采用现场搅拌，混凝土强度等级均为 C30，按下了顺序计算构造柱的清单工程量。

（1）90°转角接头；（2）T 形接头；（3）十字形接头；（4）一字形接头；

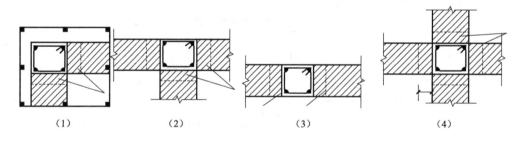

（1）　　　　　（2）　　　　　（3）　　　　　（4）

图 11-2　某房屋中结构接头处示意图

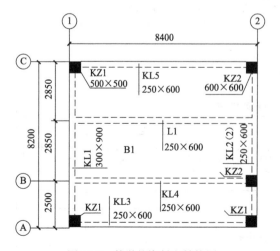

图 11-3　某学校资料室结构图

任务 2：某学校资料室结构图，如图 11-3 所示，现浇混凝土框架，首层层高 4.2m；柱梁板混凝土的强度等级均为 C25，试编制该资料室梁板柱混凝土的工程量清单，计算清单综合单价。

11.3.2　任务分析

为完成任务，必须根据图示将现浇混凝土柱、梁、墙、板相应项目的清单工程量计算出来，并确定其综合单价，从而得到该工程柱、梁、墙、板的分部分项工程费。

11.3.3　任务目的

1. 会编制现浇混凝土柱、梁、墙、板

项目工程量清单；

2. 会确定现浇混凝土柱、梁、墙、板项目的综合单价；

3. 会确定现浇混凝土柱、梁、墙、板项目分部分项工程费。

11.3.4 任务要求

以个人为单位，利用云南省 2013 版计价依据及清单规范完成学生工作页。

11.3.5 任务计划

学生参考《房屋建筑与装饰工程工程量计算规范》GB 50854—2013 完成任务，任务计划时间 6 学时。

11.3.6 附录

云南省建设工程造价信息网《价格信息》总第 242 期 2014.3 的材料价格：

商品混凝土：大理地区

商品混凝土 C25：360 元/m³

商品混凝土 C30：390 元/m³

11.3.7 任务工作页

专业		授课教师	
工作项目	现浇混凝土柱、梁、墙、板	工作任务	现浇混凝土柱、梁、墙、板工程量的计算
知识准备	1. 梁的形式有哪些？ 2. 剪力墙工程量怎么计算？		
知识学习与任务完成过程	1. 工程量清单的编制 (1) 任务中柱、梁、墙、板工程量怎么计算？ 查找出现浇混凝土柱、梁、墙、板（商品混凝土）清单编制的项目编码、项目名称、计量单位、项目特征的规定，结合任务资料将其填写在"清单与计价表"中相应位置上。 (2) 清单工程量计算 写出相应项目清单工程量计算规则，计算任务中的清单工程量，并将计算结果填写在"清单与计价表"中。 现浇混凝土柱、梁、墙、板计算规则： 计算过程：		

2. 综合单价的确定

(1) 翻阅《房屋建筑与装饰工程工程量计算规范》GB 50854—2013 查找出现浇混凝土基础的工作内容并进行分析。
任务中综合单价的确定需考虑：

(2) 综合单价确定中相关定额工程量的计算
翻阅《云南省房屋建筑与装饰工程消耗量定额》查找出相关定额工程量计算规则并与清单工程量计算规则进行比较。
任务 1：定额计算规则：

任务 1 计算过程：

任务 2：定额计算规则：

任务 2 计算过程：

(3) 计算综合单价，填写完整"综合单价分析表"。

3. 分部分项工程费的确定（任务 2）
填写完整分部分项工程清单与计价表。

分部分项工程清单与计价表

序号	项目编码	项目名称	项目特征描述	计量单位	工程量	金额（元）				
						综合单价	合价	其中		
								人工费	机械费	暂估价

综合单价分析表

序号	项目编码	项目名称	计量单位	工程量	清单综合单价组成明细											综合单价
					定额编号	定额名称	定额单位	数量	单价			合价				
									人工费	材料费	机械费	人工费	材料费	机械费	管理费和利润	

左侧纵向文字：知识学习与任务完成过程

知识学习与任务完成过程	综合单价材料明细表										
	序号	项目编码	项目名称	计量单位	工程量	材料组成明细					
						主要材料名称、规格、型号	单位	数量	单价（元）	合价（元）	暂估材料单价（元）	暂估材料合价（元）
						其他材料费	—		—		—
						材料费小计	—		—		—
						其他材料费	—		—		—
						材料费小计	—		—		—
						其他材料费	—		—		—
						材料费小计	—		—		—

任务完成情况评价	序号	评价项目及权重		学生自评	老师评价
	1	工作纪律和态度（20分）			
	2	知识准备或知识回顾（20分）			
	3	任务完成情况（60分）	① 工程量清单的编制（20分）		
	4		② 综合单价的确定（20分）		
	5		③ 分部分项工程费的确定（10分）		
	6		④ 表格填写的规范与完整（10分）		
	小计				
	总分				

任务 11.4 现浇混凝土楼梯及其他构件

11.4.1 任务资料

任务 1：某工程有 20 根现浇钢筋混凝土矩形单梁 L1，其截面和配筋如图 11-4 所示，试计算该工程现浇单梁模板的工程量。

任务 2：某四层住宅楼梯平面如图 11-5 所示，计算整体楼梯工程量。

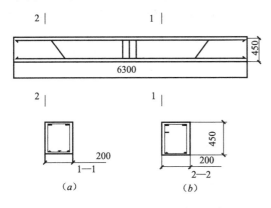

图 11-4 某工程钢筋混凝土单梁示意图

（a）1—1 剖面示意图；（b）2—2 剖面示意图

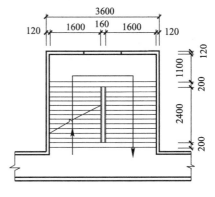

图 11-5 某楼梯平面图

11.4.2 任务分析

为完成任务，必须根据图示将现浇混凝土楼梯及其他构件相应项目的清单工程量计算出来，并确定其综合单价，从而得到该工程楼梯及其他构件的分部分项工程费。

11.4.3 任务目的

1. 会编制现浇混凝土楼梯及其他构件项目工程量清单；

2. 会确定现浇混凝土楼梯及其他构件项目的综合单价；

3. 会确定现浇混凝土楼梯及其他构件项目分部分项工程费。

11.4.4 任务要求

以个人为单位，利用云南省 2013 版计价依据及清单规范完成学生工作页。

11.4.5 任务计划

学生参考《房屋建筑与装饰工程工程量计算规范》GB 50854—2013 完成任务，任务计划时间 2 学时。

11.4.6 任务工作页

专业		授课教师	
工作项目	现浇混凝土楼梯及其他构件	工作任务	现浇混凝土楼梯及其他构件工程量的计算
知识准备	1. 模板工程量的计算？ 2. 楼梯工程量的计算？		
知识学习与任务完成过程	1. 工程量清单的编制 (1) 任务中楼梯及其他构件工程量怎么计算？ 查找出现浇混凝土楼梯及其他构件清单编制的项目编码、项目名称、计量单位、项目特征的规定，结合任务资料将其填写在"清单与计价表"中相应位置上。 (2) 清单工程量计算 写出相应项目清单工程量计算规则，计算任务中的清单工程量，并将计算结果填写在"清单与计价表"中。 现浇混凝土楼梯及其他构件计算规则： 任务 1 计算过程：		

知识学习与任务完成过程	任务2计算过程： 2. 综合单价的确定 (1) 翻阅《房屋建筑与装饰工程工程量计算规范》GB 50854—2013查找出现浇混凝土基础的工作内容并进行分析。 任务中综合单价的确定需考虑： (2) 综合单价确定中相关定额工程量的计算 翻阅《云南省房屋建筑与装饰工程消耗量定额》查找出相关定额工程量计算规则并与清单工程量计算规则进行比较 任务1：定额计算规则： 任务1计算过程： 任务2：定额计算规则： 任务2计算过程： (3) 计算综合单价，填写完整"综合单价分析表"。（任务2） 3. 分部分项工程费的确定（任务2） 填写完整分部分项工程清单与计价表。

分部分项工程清单与计价表

序号	项目编码	项目名称	项目特征描述	计量单位	工程量	金额（元）				
						综合单价	合价	其中		
								人工费	机械费	暂估价

<table>
<tr><td rowspan="20">知识学习与任务完成过程</td><td colspan="14" align="center">综合单价分析表</td></tr>
<tr><td rowspan="3">序号</td><td rowspan="3">项目编码</td><td rowspan="3">项目名称</td><td rowspan="3">计量单位</td><td rowspan="3">工程量</td><td colspan="8" align="center">清单综合单价组成明细</td><td rowspan="3">综合单价</td></tr>
<tr><td rowspan="2">定额编号</td><td rowspan="2">定额名称</td><td rowspan="2">定额单位</td><td rowspan="2">数量</td><td colspan="3" align="center">单价</td><td colspan="4" align="center">合价</td></tr>
<tr><td>人工费</td><td>材料费</td><td>机械费</td><td>人工费</td><td>材料费</td><td>机械费</td><td>管理费和利润</td></tr>
<tr><td></td><td></td><td></td><td></td><td></td><td></td><td></td><td></td><td></td><td></td><td></td><td></td><td></td><td></td></tr>
<tr><td></td><td></td><td></td><td></td><td></td><td></td><td></td><td></td><td></td><td></td><td></td><td></td><td></td><td></td></tr>
</table>

综合单价材料明细表

序号	项目编码	项目名称	计量单位	工程量	材料组成明细						
					主要材料名称、规格、型号	单位	数量	单价（元）	合价（元）	暂估材料单价（元）	暂估材料合价（元）
					其他材料费			—		—	—
					材料费小计			—		—	—

任务完成情况评价	序号	评价项目及权重		学生自评	老师评价
	1	工作纪律和态度（20分）			
	2	知识准备或知识回顾（20分）			
	3	任务完成情况（60分）	①工程量清单的编制（20分）		
	4		②综合单价的确定（20分）		
	5		③分部分项工程费的确定（10分）		
	6		④表格填写的规范与完整（10分）		
		小计			
		总分			

项目 12　钢　筋　工　程

任务 12.1　钢筋工程基础知识

12.1.1　任务内容

回答下列问题：

1. 混凝土及钢筋混凝土的定额项目内容包括哪些？

2. 现浇混凝土的项目是怎么划分的？

3. 环境类别是怎么划分的？

4. 什么是混凝土的保护层厚度？混凝土的保护层厚度怎么计取？

5. 关于钢筋的锚固长度是怎么规定的？

6. 钢筋的弯钩形式主要有哪几种？各种形式的弯钩长度取多少？

7. 钢筋的接头是怎么规定的？

8. 钢筋工程量的计算方法有哪些？

12.1.2　任务分析

为完成任务，必须认真学习理解钢筋保护层、环境类别、钢筋的锚固长度等。

12.1.3　任务目的

1. 理解有关规范的规定；

2. 全面的回答各问题；

12.1.4　任务要求

以个人为单位，利用云南省 2013 版计价依据及清单规范完成学生工作页。

12.1.5　任务计划

学生参考《房屋建筑与装饰工程工程量计算规范》GB 50854—2013 完成任务，任务计划时间 2 学时。

12.1.6　附录

1. 11G101 平法施工图集

2. 抗震设计规范

12.1.7　任务工作页

专业		授课教师	
工作项目	混凝土及钢筋工程基础知识	工作任务	钢筋工程量的计算以及相关规定
知识准备	1. 钢筋的分类依据什么？		

知识准备	2. 钢筋的性能有哪些？				
知识学习与任务完成过程	1. 混凝土及钢筋混凝土的定额项目内容包括哪些？				
	2. 现浇混凝土的项目是怎么划分的？				
	3. 环境类别是怎么划分的？				
	4. 什么是混凝土的保护层？混凝土的保护层厚度怎么计取？				
	5. 关于钢筋的锚固长度是怎么规定的？				
	6. 钢筋的弯钩形式主要有哪几种？各种形式的弯钩长度取多少？				
	7. 钢筋的接头是怎么规定的？				
	8. 钢筋工程量的计算方法有哪些？				

任务完成情况评价	序号	评价项目及权重		学生自评	老师评价
	1	工作纪律和态度（10分）			
	2	知识准备或知识回顾（10分）			
	3	任务完成情况（80分）	① 第1题（10分）		
	4		② 第2题（10分）		
	5		③ 第3题（10分）		
	6		④ 第4题（10分）		
	7		⑤ 第5题（10分）		
	8		⑥ 第6题（10分）		
	9		⑦ 第7题（10分）		
	10		⑧ 第8题（10分）		
		小计			
		总分			

任务 12.2 基础钢筋

12.2.1 任务资料

任务 1. 根据以下基础图确定该工程的钢筋工程量。

条件：根据设计施工图并结合施工方案和钢筋工程量的计算规则，计算图 12-1 所示条形基础的工程量。

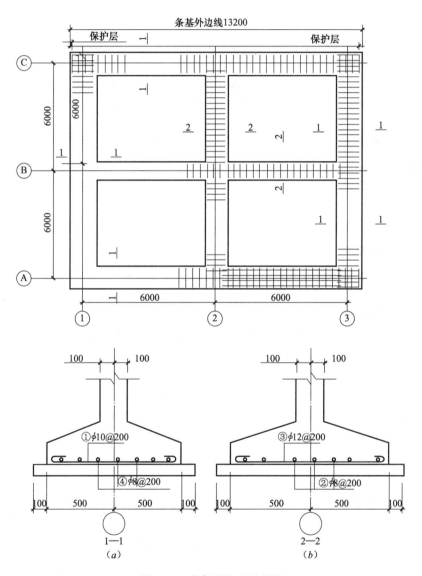

图 12-1 某条形基础示意图

(*a*) 1-1 剖面示意图；(*b*) 2-2 剖面示意图

任务 2. 根据以下基础图确定该工程的钢筋工程量。

条件：如图 12-2 所示钢筋混凝土独立基础，已知：垫层采用 C10 素混凝土浇筑，基

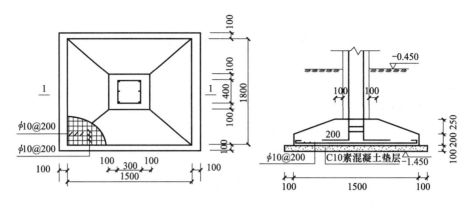

图 12-2　某钢筋混凝土独立基础示意图

础采用 C25 现浇商品混凝土浇筑，基础钢筋保护层厚度为 40mm，独立基础四周第一道钢筋自距另一方向的钢筋端部 60mm 开始布置，试编制该工程的工程量清单，并计算其综合单价。

12.2.2　任务分析

为完成任务，必须认真学习理解钢筋保护层、环境类别、钢筋的锚固长度等。

12.2.3　任务目的

1. 理解有关规范的规定；
2. 理解平法标注。

12.2.4　任务要求

以个人为单位，利用云南省 2013 版计价依据及清单规范和云南省房屋建筑与装饰工程消耗量定额 DBJ53/T—61—2013 完成学生工作页。

12.2.5　任务计划

学生参考《房屋建筑与装饰工程工程量计算规范》GB 50854—2013 完成任务，任务计划时间 6 学时。

12.2.6　附录

云南省建设工程造价信息网《价格信息》总第 242 期　2014.3 的材料价格：

钢材及钢材制品：大理地区

HRB335　ϕ12：3970 元/t

HRB335　ϕ14：3970 元/t

HRB335　ϕ16-18：3772 元/t

HRB335　ϕ20-25：3772 元/t

12.2.7　任务工作页

专业		授课教师	
工作项目	基础钢筋	工作任务	基础钢筋工程量计算
知识准备	1. 平法标注中的原位标志和集中标注各怎么理解？		

知识准备	2. 钢筋支座负弯矩钢筋、跨板钢筋、加强筋和吊筋的工程量怎么计算？
知识学习与任务完成过程	任务一解析： 任务二解析：

	序号	评价项目及权重		学生自评	老师评价
任务完成情况评价	1	工作纪律和态度（20分）			
	2	知识准备或知识回顾（20分）			
	3	任务完成情况（60分）	① 任务一解析（30分）		
	4		② 任务二解析（30分）		
		小计			
		总分			

任务12.3 柱 钢 筋

12.3.1 任务资料

某混凝土框架结构，抗震等级为二级，设防烈度为8度。框架柱如图12-3所示。框架梁截面300×600，主筋直径25mm，保护层厚度25mm，梁居柱的中心，轴线居梁中心；框架柱混凝土强度等级C30，纵向受力钢筋等级HRB400，箍筋等级HPB300，保护层厚度25mm；现浇板厚110mm；基础底板钢筋直径16mm，双向布置，保护层厚度40mm；柱主筋采用直螺纹链接；箍筋采用闪光对焊封闭箍筋，箍筋90°弯心直径4d。计算角柱KZ1的钢筋下料长度。

12.3.2 任务分析

为完成任务，必须认真学习理解混凝土保护层、环境类别、钢筋的锚固长度钢筋的连接等。

12.3.3 任务目的

1. 理解有关规范的规定；
2. 理解平法标注。

12.3.4 任务要求

以个人为单位，利用云南省2013版计价依据及清单规范和云南省房屋建筑与装饰工程消耗量定额DBJ53/T—61—2013完成学生工作页。

12.3.5 任务计划

学生参考《房屋建筑与装饰工程工程量计算规范》GB 50854—2013完成任务，任务计划时间5学时。

12.3.6 附录

1. 钢材及钢材制品→大理地区：

HRB335 φ12：3970 元/t

HRB335 φ14：3970 元/t

HRB335 φ16-18：3772 元/t

HRB335 φ20-25：3772 元/t

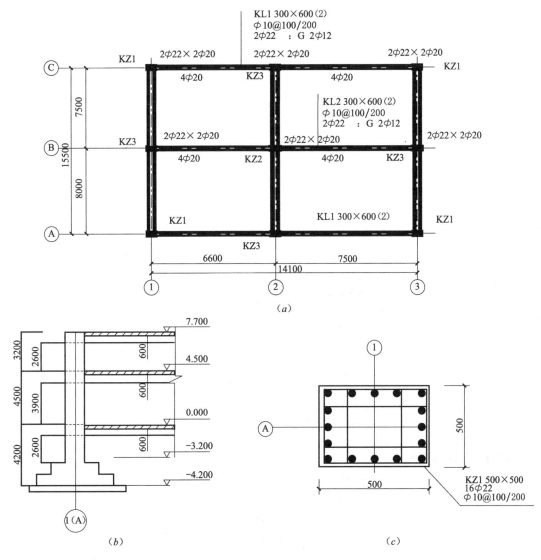

图 12-3　某框架结构柱示意图

（a）某框架结构平法施工图；（b）Ⓐ轴剖面图；（c）柱配筋图

2. 抗震设计规范

12.3.7　任务工作页

专业		授课教师	
工作项目	柱钢筋工程量的计算	工作任务	柱钢筋工程量的计算
知识准备	1. 柱钢筋平法标注中的原位标注和集中标注各怎么理解？ 2. 角柱、内柱的配筋在屋顶怎么设置弯钩？ 		

知识学习与任务完成过程	任务解析：			

任务完成情况评价	序号	评价项目及权重	学生自评	老师评价
	1	工作纪律和态度（20分）		
	2	知识准备或知识回顾（20分）		
	3	任务完成情况（60分）		
		小计		
		总分		

任务 12.4 梁 钢 筋

12.4.1 任务资料

任务一：在某钢筋混凝土结构中，现在取一跨钢筋混凝土梁 L-1，其配筋均按Ⅰ级钢筋考虑，如图 12-4 所示。试计算该梁钢筋的工程量。

任务二：如图 12-5 所示为实训综合楼标准层框架梁配筋图。已知梁柱混凝土强度等级为 C30，抗震等级为二级，梁内拉筋为 φ6@400，框架柱的截面尺寸为 600mm×600mm，其柱纵筋为 12φ25，柱箍筋 φ8@100/200，在室内干燥环境中使用。试计算梁的钢筋工程量。（已知梁纵筋采用机械连接）

12.4.2 任务分析

为完成任务，必须认真学习理解钢筋保护层、环境类别、钢筋的锚固长度等。

12.4.3 任务目的

1. 理解有关规范的规定；

2. 理解平法标注。

12.4.4 任务要求

以个人为单位，利用云南省 2013 版计价依据及清单规范和云南省房屋建筑与装饰工程消耗量定额 DBJ53/T—61—2013 完成学生工作页。

12.4.5 任务计划

学生参考《房屋建筑与装饰工程工程量计算规范》GB 50854—2013 完成任务，任务计划时间 5 学时。

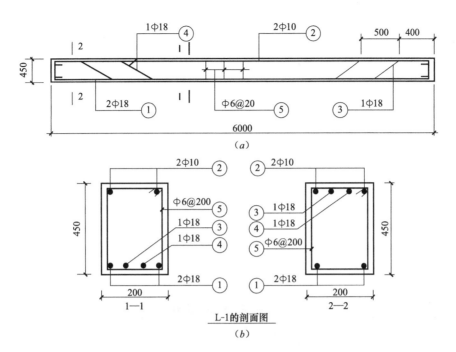

图 12-4 某钢筋混凝土梁示意图

(a) 梁示意图; (b) 梁剖面图

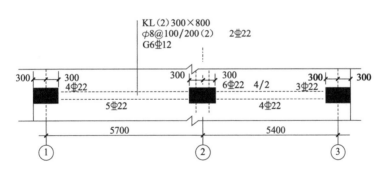

图 12-5 某框架结构梁配筋图

12.4.6 任务工作页

专业		授课教师	
工作项目	梁钢筋	工作任务	梁钢筋工程量计算
知识准备	1. 梁平法标注中的原位标注和集中标注各怎么理解？ 2. 钢筋支座负弯矩钢筋、跨板钢筋、加强筋和吊筋的工程量怎么计算？		

任务一解析：

钢筋工程量计算表

钢筋编号	计算简图	直径（mm）	计算长度	根 数	合 计
1					
2					
3					
4					
5					

任务二解析：

知识学习与任务完成过程

	序号	评价项目及权重		学生自评	老师评价
任务完成情况评价	1	工作纪律和态度（20分）			
	2	知识准备或知识回顾（20分）			
	3	任务完成情况（60分）	① 任务一解析（30分）		
	4		② 任务二解析（30分）		
		小计			
		总分			

任务 12.5 板　钢　筋

12.5.1 任务资料

如图 12-6 所示为实训楼标准层的结构平面图。已知框架梁的截面尺寸为 250mm×600mm，梁板的混凝土强度等级为 C30，板厚为 120mm，在室内干燥环境中使用。试计算板钢筋清单工程量。（板中未注明分布钢筋按 φ6@200 计算）①号筋 φ10@200；②号筋 φ8@200；③号筋 φ8@200。

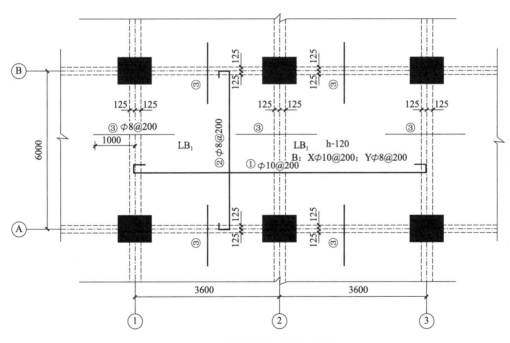

图 12-6 某实训楼标准层平面图

12.5.2 任务分析

为完成任务，必须认真学习理解混凝土保护层、环境类别、钢筋的锚固长度等。

12.5.3 任务目的

1. 理解有关规范的规定；

2. 理解平法标注。

12.5.4 任务要求

以个人为单位，利用云南省 2013 版计价依据及清单规范和云南省房屋建筑与装饰工程消耗量定额 DBJ53/T—61—2013 完成学生工作页。

12.5.5　任务计划

学生参考《房屋建筑与装饰工程工程量计算规范》GB 50854—2013 完成任务，任务计划时间 4 学时。

12.5.6　任务工作页

专业			授课教师		
工作项目		板钢筋	工作任务		计算板钢筋工程量
知识准备	1. 板平法标注中的原位标志和集中标注各怎么理解？ 2. 板的负弯矩钢筋、跨板钢筋是如何布置的？应怎样计算？				
知识学习与任务完成过程	任务解析过程：				
任务完成情况评价	序号	评价项目及权重		学生自评	老师评价
	1	工作纪律和态度（20分）			
	2	知识准备或知识回顾（20分）			
	3	任务完成情况（60分）			
		小计			
		总分			

任务 12.6　楼梯钢筋

12.6.1　任务资料

图 12-7 TB1 为底层的第一跑楼梯板，共 1 块，混凝土级别 C30，I级钢筋（HPB235）的锚固长度为 24d，II 级钢筋（HRB335）锚固长度为 30d，混凝土保护层厚度为 15mm。楼梯

板下端搁置在混凝土地梁上，地梁的尺寸与 TL2 相同，250mm×400mm，上端搁置平台梁 TL2 上，楼梯板厚 130mm，宽 1350mm，净跨为 Ln＝3600mm，楼梯板高为 Hn＝1950mm。板底配筋 φ12@200（①号筋），分布筋（④号筋）为每踏步下一根；板两端负弯矩钢筋均为 φ10@200（②、③号筋），伸入板内的水平长度为 1200mm，分布筋为 φ8@250（⑤号筋）。楼梯板钢筋大样如图所示，请计算 TB1 的钢筋工程量。

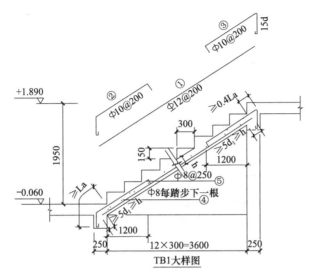

图 12-7　某建筑底层楼梯示意图

12.6.2　任务分析
为完成任务，必须认真学习理解混凝土保护层、环境类别、钢筋的锚固长度等。

12.6.3　任务目的
1. 理解有关规范的规定；
2. 理解平法标注。

12.6.4　任务要求
以个人为单位，利用云南省 2013 版计价依据及清单规范和云南省房屋建筑与装饰工程消耗量定额 DBJ53/T—61—2013 完成学生工作页。

12.6.5　任务计划
学生参考《房屋建筑与装饰工程工程量计算规范》GB 50854—2013 完成任务，任务计划时间 2 学时。

12.6.6　任务工作页

专业		授课教师	
工作项目	楼梯钢筋	工作任务	计算楼梯钢筋工程量
知识准备	楼梯平法标注中的原位标注和集中标注各怎么理解？		

知识学习与任务完成过程	解析：				
任务完成情况评价	序号	评价项目及权重		学生自评	老师评价
	1	工作纪律和态度（20分）			
	2	知识准备或知识回顾（20分）			
	3	任务完成情况（60分）			
	小计				
	总分				

项目 13 木结构工程

13.1 任务资料

某仓库，方木屋架如图 13-1 所示，共 8 榀，现场用 180mm×210mm 方木制作（元宝垫木体积为 0.012m³），不抛光，拉杆为 φ18 的圆钢，铁件刷防锈漆一遍，轮胎式起重机安装，安装高度 6m。

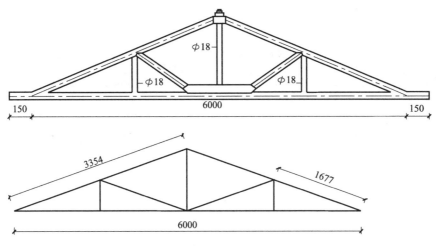

图 13-1 某仓库屋架示意图

请根据以上资料和现行国家标准《建设工程工程量清单计价规范》GB 50500—2013、《房屋建筑与装饰工程工程量清单计算规范》GB 50854—2013，试列出该工程方木屋架的分部分项工程量清单并计算其综合单价、分部分项工程费。

13.2 任务分析

为完成任务，须根据图示及条件把相应项目的清单工程量计算出来，并确定其综合单价，从而得到该项目的分部分项工程费。

13.3 任务目的

1. 会编制木屋架项目工程量清单；
2. 会确定木屋架项目的综合单价；
3. 会确定木屋架项目分部分项工程费。

13.4 任务要求

以个人为单位，利用云南省 2013 版计价依据及清单规范完成学生工作页。

13.5 任务计划

学生参考《房屋建筑与装饰工程工程量计算规范》GB 50854—2013 完成任务，任务计划时间 4 学时。

13.6　附录

部分材料价格：

一等板枋材：1750.00 元/m³

φ18 圆钢拉杆：4.20 元/kg

钢垫板夹板：4.32 元/kg

预制混凝土块：225.96 元/m³

13.7　任务工作页

专业		授课教师	
工作项目	木结构工程	工作任务	分部分项工程费确定
知识准备	1. 消耗量定额中木材木种是如何分类的？ 2. 云南省消耗量定额中，木结构分部的木材木种均以＿＿＿＿＿为准，如采用一、二类木种时＿＿＿＿＿＿乘以系数＿＿＿＿＿；采用四类木种时＿＿＿＿＿＿＿＿＿＿乘以系数＿＿＿＿＿。 3. 本章中所注明的木材断面或厚度均以＿＿＿＿＿为准。如设计图注明的断面或厚度为净料时，应增加刨光损耗；板、方材一面刨光增加＿＿＿＿＿＿；两面刨光增加＿＿＿＿＿＿；圆木每立方米材积增加＿＿＿＿＿＿。		
知识学习与任务完成过程	1. 工程量清单的编制 (1)《房屋建筑与装饰工程工程量计算规范》GB 50854—2013 中是怎样规定木屋架的工程量计算规则和工作内容的？项目特征应从哪几方面进行描述？ (2) 查找出清单编制的项目编码、项目名称、计量单位、项目特征的规定，结合任务资料将其填写在"清单与计价表"中相应位置上。 (3) 清单工程量计算 写出相应项目清单工程量计算规则，计算任务中的清单工程量，并将计算结果填写在"清单与计价表"中。 计算规则： 计算过程：		

<table>
<tr><td rowspan="30">知识学习与任务完成过程</td><td colspan="2">

2. 综合单价的确定

(1) 翻阅《房屋建筑与装饰工程工程量计算规范》GB 50854—2013 查找出木屋架的工作内容并进行分析。
任务中综合单价的确定需考虑:

(2) 综合单价确定中相关定额工程量的计算
翻阅《云南省房屋建筑与装饰工程消耗量定额》查找出相关定额工程量计算规则并与清单工程量计算规则进行比较。
定额计算规则:

计算过程:

(3) 计算综合单价,填写完整"综合单价分析表"。

3. 分部分项工程费的确定
填写完整分部分项工程清单与计价表。

</td></tr>
</table>

分部分项工程清单与计价表

序号	项目编码	项目名称	项目特征描述	计量单位	工程量	金额（元）				
						综合单价	合价	其中		
								人工费	机械费	暂估价

综合单价分析表

序号	项目编码	项目名称	计量单位	工程量	清单综合单价组成明细										综合单价
					定额编号	定额名称	定额单位	数量	单价			合价				
									人工费	材料费	机械费	人工费	材料费	机械费	管理费和利润	

综合单价材料明细表

序号	项目编码	项目名称	计量单位	工程量	材料组成明细						
					主要材料名称、规格、型号	单位	数量	单价（元）	合价（元）	暂估材料单价（元）	暂估材料合价（元）
					其他材料费	—		—		—	
					材料费小计	—		—		—	

	序号	评价项目及权重		学生自评	老师评价
任务完成情况评价	1	工作纪律和态度（20分）			
	2	知识准备或知识回顾（20分）			
	3	任务完成情况（60分）	① 工程量清单的编制（20分）		
	4		② 综合单价的确定（20分）		
	5		③ 分部分项工程费的确定（10分）		
	6		④ 表格填写的规范与完整（10分）		
		小计			
		总分			

项目14 门窗工程

14.1 任务资料

根据以下背景资料及现行国家标准《建设工程工程量清单计价规范》GB 50500—2013、《房屋建筑与装饰工程工程量清单计算规范》GB 50854—2013，试列出该工程门窗的分部分项工程量清单，并确定分部分项工程费。

条件：某工程门窗布置如图 14-1 所示，M-1、M-2、M-3 为成品实木门带套，含锁、普通五金；C-1、C-2、C-3 为成品平开塑钢窗，夹胶玻璃（3+3），型材为钢塑50 系列，普通五金。已知：

M-1：1000mm×2000mm；M-2：1200mm×2000mm；M-3：900mm×2400mm

C-1：1500mm×1500mm；C-2：1800mm×1500mm；C-3：3000mm×1500mm

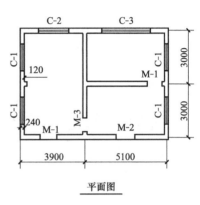

图 14-1 某工程门窗布置示意图

14.2 任务分析

为完成任务，须根据图示将相应门窗工程项目的清单工程量计算出来，并确定其综合单价，从而得到分部分项工程费。

14.3 任务目的

1. 会编制门窗工程项目工程量清单；
2. 会确定门窗工程项目的综合单价；
3. 会确定门窗工程项目分部分项工程费。

14.4 任务要求

以个人为单位，利用云南省 2013 版计价依据及清单规范完成学生工作页。

14.5 任务计划

学生参考《房屋建筑与装饰工程工程量计算规范》GB 50854—2013 完成任务，任务计划时间 6 学时。

14.6 附录

部分材料价格：

成品木门（带门套，含锁、普通五金）：650 元/m²

一等板枋材：1750.00 元/m³

单层塑钢窗 50 系列（夹胶玻璃）：335.86 元/m²

14.7 任务工作页

专业		授课教师	
工作项目	门窗工程	工作任务	分部分项工程费确定

知识 准备	1. 木门的材积、木种设计与定额综合不同时，可按设计换算，请简要说明方法？ 2.《房屋建筑与装饰工程工程量计算规范》GB 50854—2013 中是怎样规定门窗工程项目的项目特征描述的？
知识 学习 与 任务 完成 过程	1. 工程量清单的编制 (1) 任务中各门窗的做法、规格分别是多少？ (2) 查找出清单编制的项目编码、项目名称、计量单位、项目特征的规定，结合任务资料将其填写在"清单与计价表"中相应位置上。 (3) 清单工程量计算 写出相应项目清单工程量计算规则，计算任务中的清单工程量，并将计算结果填写在"清单与计价表"中。 计算规则： 计算过程： 2. 综合单价的确定 (1) 翻阅《房屋建筑与装饰工程工程量计算规范》GB 50854—2013 查找出相应门窗工程项目的工作内容并进行分析。 任务中综合单价的确定需考虑： (2) 综合单价确定中相关定额工程量的计算 翻阅《云南省房屋建筑与装饰工程消耗量定额》查找出相关定额工程量计算规则并与清单工程量计算规则进行比较。 定额计算规则：

154

知识学习与任务完成过程	计算过程： （3）计算综合单价，填写完整"综合单价分析表"。 3. 分部分项工程费的确定 填写完整分部分项工程清单与计价表。

分部分项工程清单与计价表

序号	项目编码	项目名称	项目特征描述	计量单位	工程量	金额（元）				
						综合单价	合价	其中		
								人工费	机械费	暂估价

综合单价分析表

序号	项目编码	项目名称	计量单位	工程量	清单综合单价组成明细										综合单价
					定额编号	定额名称	定额单位	数量	单价			合价			
									人工费	材料费	机械费	人工费	材料费	机械费	管理费和利润

综合单价材料明细表

序号	项目编码	项目名称	计量单位	工程量	材料组成明细						
					主要材料名称、规格、型号	单位	数量	单价（元）	合价（元）	暂估材料单价（元）	暂估材料合价（元）
					其他材料费			—		—	—
					材料费小计			—		—	—
					其他材料费			—		—	—
					材料费小计			—		—	—

	序号	评价项目及权重	学生自评	老师评价
任务完成情况评价	1	工作纪律和态度（20分）		
	2	知识准备或知识回顾（20分）		
	3	任务完成情况（60分） ① 工程量清单的编制（20分）		
	4	② 综合单价的确定（20分）		
	5	③ 分部分项工程费的确定（10分）		
	6	④ 表格填写的规范与完整（10分）		
		小计		
		总分		

项目 15 屋面及防水工程

15.1 任务资料

根据以下资料及现行国家标准《建设工程工程量清单计价规范》GB 50500—2013、《房屋建筑与装饰工程工程量清单计算规范》GB 50854—2013，试列出该屋面找平层、保温及卷材防水分部分项工程量清单，并确定分部分项工程费。

该工程 SBS 改性沥青卷材防水屋面平面、剖面图如图 15-1 所示，其自结构层由下向上的做法为：钢筋混凝土板上用 1：12 水泥珍珠岩找坡，坡度 2%，最薄处 60mm；保温隔热层上 1：3 水泥砂浆找平层反边高 300mm，在找平层上刷冷底子油，加热烤铺，贴 3mm 厚 SBS 改性沥青防水卷材一道（反边高 300mm），在防水卷材上抹 1：2.5 水泥砂浆找平层（反边高 300mm）。不考虑嵌缝，砂浆以使用中砂为拌合料，女儿墙不计算，未列项目不考虑。

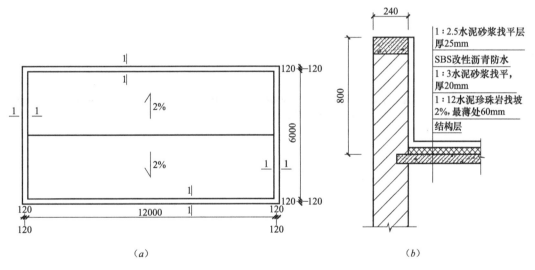

图 15-1 某工程防水卷材屋面示意图

(a) 平面图；(b) 剖面图

15.2 任务分析

为完成任务，必须识图读图，根据图示及条件把相应项目的清单工程量计算出来，并确定其综合单价，从而得到相应分部分项工程费。

15.3 任务目的

1. 会编制屋面及防水工程工程量清单；

2. 会确定屋面及防水工程的综合单价；

3. 会确定分部分项工程费。

15.4 任务要求

以个人为单位，利用云南省 2013 版计价依据及清单规范完成学生工作页。

15.5 任务计划

学生参考《房屋建筑与装饰工程工程量计算规范》GB 50854—2013 完成任务，任务计划时间 6 学时。

15.6 附录

部分材料价格：

SBS 改性沥青防水卷材（3mm 厚）：29.29 元/m²

Ⅰ级钢筋 HPB300 ϕ10 以内：4036 元/t

1：12 水泥珍珠岩浆：410.50 元/m³

1：3 水泥砂浆：292.14 元/m³

1：2.5 水泥砂浆：309.24 元/m³

15.7 任务工作页

专业		授课教师	
工作项目	屋面及防水工程	工作任务	分部分项工程费确定
知识准备	1. 什么是延迟系数，怎么确定？ 2.《房屋建筑与装饰工程工程量计算规范》GB 50854—2013 中是怎样规定屋面卷材防水的工程量计算规则和工作内容的？女儿墙部分的增加面积如何确定？		
知识学习与任务完成过程	1. 工程量清单的编制 (1) 任务中屋面的做法应列哪几个几个项目？ (2) 查找出清单编制的项目编码、项目名称、计量单位、项目特征的规定，结合任务资料将其填写在"清单与计价表"中相应位置上。		

知识学习与任务完成过程	(3) 清单工程量计算 写出相应项目清单工程量计算规则，计算任务中的清单工程量，并将计算结果填写在"清单与计价表"中。 计算规则： 计算过程： 2. 综合单价的确定 (1) 翻阅《房屋建筑与装饰工程工程量计算规范》GB 50854—2013 查找出各个项目的工作内容并进行分析。 (2) 综合单价确定中相关定额工程量的计算 翻阅《云南省房屋建筑与装饰工程消耗量定额》查找出相关定额工程量计算规则并与清单工程量计算规则进行比较。 定额计算规则： 计算过程： (3) 计算综合单价，填写完整"综合单价分析表"。

3. 分部分项工程费的确定

填写完整分部分项工程清单与计价表。

分部分项工程清单与计价表

序号	项目编码	项目名称	项目特征描述	计量单位	工程量	金额（元）				
						综合单价	合价	其中		
								人工费	机械费	暂估价

综合单价分析表

序号	项目编码	项目名称	计量单位	工程量	清单综合单价组成明细										综合单价
					定额编号	定额名称	定额单位	数量	单价			合价			
									人工费	材料费	机械费	人工费	材料费	机械费	管理费和利润	

综合单价材料明细表

序号	项目编码	项目名称	计量单位	工程量	材料组成明细						
					主要材料名称、规格、型号	单位	数量	单价（元）	合价（元）	暂估材料单价（元）	暂估材料合价（元）
					其他材料费			—		—	—
					材料费小计			—		—	—
					其他材料费			—		—	—
					材料费小计			—		—	—
					其他材料费			—		—	—
					材料费小计			—		—	—

知识学习与任务完成过程

任务完成情况评价	序号	评价项目及权重		学生自评	老师评价
	1	工作纪律和态度（20分）			
	2	知识准备或知识回顾（20分）			
	3	任务完成情况（60分）	① 工程量清单的编制（20分）		
	4		② 综合单价的确定（20分）		
	5		③ 分部分项工程费的确定（10分）		
	6		④ 表格填写的规范与完整（10分）		
	小计				
	总分				

项目 16 金属结构工程

16.1 任务资料

根据以下资料及现行国家标准《建设工程工程量清单计价规范》GB 50500—2013、《房屋建筑与装饰工程工程量清单计算规范》GB 50854—2013，试列出该工程空腹钢柱的分部分项工程量清单，并确定分部分项工程费。

某工程中使用如图 16-1 所示的空腹钢柱共 10 根，刷防锈漆一遍，拼装、安装、耐火极限为二级。

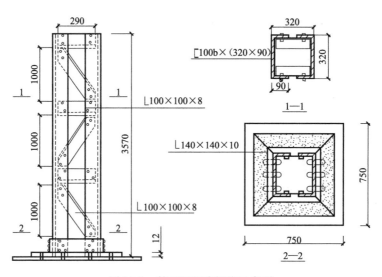

图 16-1 某工程空腹钢柱示意图

钢材单位理论质量见下表：

钢材理论质量表

表 16-1

规　　格	单位质量	备　　注
[100b×(320×90)	43.25kg/m	槽钢
∟100×100×8	12.28kg/m	角钢
∟140×140×10	21.49kg/m	角钢
—12	94.20kg/m²	钢板

16.2 任务分析

为完成任务，必须根据图纸将各型钢工程量计算出来，并确定其综合单价，从而得到该项目的分部分项工程费。

162

16.3 任务目的

1. 会编制金属结构工程工程量清单；
2. 会确定金属结构工程的综合单价；
3. 会确定分部分项工程费。

16.4 任务要求

以个人为单位，利用云南省 2013 版计价依据及清单规范完成学生工作页。

16.5 任务计划

学生参考《房屋建筑与装饰工程工程量计算规范》GB 50854—2013 完成任务，任务计划时间 6 学时。

16.6 附录

部分材料价格：

钢板（12）：4210.00 元/t

型钢综合（综合）：4380.00 元/t

螺栓（综合）：8.00 元/kg

酚醛防锈漆：45.00 元/kg

16.7 任务工作页

专业		授课教师	
工作项目	金属结构工程	工作任务	分部分项工程费确定
知识准备	《房屋建筑与装饰工程工程量计算规范》GB 50854—2013 中是怎样规定实腹钢柱和空腹钢柱的工程量计算规则和工作内容的？项目特征要从哪几方面描述？		
知识学习与任务完成过程	1. 工程量清单的编制 (1) 查找出清单编制的项目编码、项目名称、计量单位、项目特征的规定，结合任务资料将其填写在"清单与计价表"中相应位置上。 (2) 清单工程量计算 写出相应项目清单工程量计算规则，计算任务中的清单工程量，并将计算结果填写在"清单与计价表"中。 计算规则： 计算过程：		

<table>
<tr><td rowspan="30" style="writing-mode: vertical;">知识学习与任务完成过程</td><td>

2. 综合单价的确定
(1) 翻阅《房屋建筑与装饰工程工程量计算规范》GB 50854—2013 查找出相关项目的工作内容并进行分析。

(2) 综合单价确定中相关定额工程量的计算
翻阅《云南省房屋建筑与装饰工程消耗量定额》查找出相关定额工程量计算规则并与清单工程量计算规则进行比较。
定额计算规则：

计算过程：

(3) 计算综合单价，填写完整"综合单价分析表"。

3. 分部分项工程费的确定
填写完整分部分项工程清单与计价表。

</td></tr>
</table>

分部分项工程清单与计价表

序号	项目编码	项目名称	项目特征描述	计量单位	工程量	金额（元）				
						综合单价	合价	其中		
								人工费	机械费	暂估价

综合单价分析表

序号	项目编码	项目名称	计量单位	工程量	清单综合单价组成明细									综合单价
					定额编号	定额名称	定额单位	数量	单价			合价			
									人工费	材料费	机械费	人工费	材料费	机械费	管理费和利润	

综合单价材料明细表

序号	项目编码	项目名称	计量单位	工程量	材料组成明细						
					主要材料名称、规格、型号	单位	数量	单价（元）	合价（元）	暂估材料单价（元）	暂估材料合价（元）
					其他材料费	—		—		—	—
					材料费小计	—		—		—	—

	序号	评价项目及权重		学生自评	老师评价
任务完成情况评价	1	工作纪律和态度（20分）			
	2	知识准备或知识回顾（20分）			
	3	任务完成情况（60分）	① 工程量清单的编制（20分）		
	4		② 综合单价的确定（20分）		
	5		③ 分部分项工程费的确定（10分）		
	6		④ 表格填写的规范与完整（10分）		
		小计			
		总分			

项目 17　刷油防腐绝热工程

17.1　任务资料

根据以下图示及现行国家标准《建设工程工程量清单计价规范》GB 50500—2013、《房屋建筑与装饰工程工程量清单计算规范》GB 50854—2013，试列出该仓库防腐面层的分部分项工程量清单，并确定分部分项工程费。

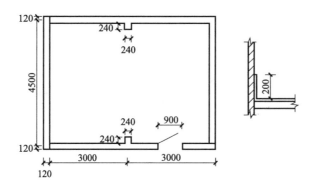

图 17-1　某仓库不发火沥青砂浆防腐面层示意图

某仓库地面做 1∶0.53∶0.53∶3.12 不发火沥青砂浆防腐面层如图 17-1 所示，防腐材料厚度为 30mm，墙厚为 240mm，踢脚线处相同的做法，高为 200mm。门洞地面不做防腐面层侧面不做踢脚线。

17.2　任务分析

为完成任务，必须根据图纸将防腐工程的清单工程量计算出来，并确定其综合单价，从而得到该项目的分部分项工程费。

17.3　任务目的

1. 会编防腐工程工程量清单；
2. 会确定防腐工程的综合单价；
3. 会确定分部分项工程费。

17.4　任务要求

以个人为单位，利用云南省 2013 版计价依据及清单规范完成学生工作页。

17.5　任务计划

学生参考《房屋建筑与装饰工程工程量计算规范》GB 50384—2013 完成任务，任务计划时间 4 学时。

17.6　附录

部分材料价格：

冷底子油（3∶7）：883.40 元/kg

沥青稀胶泥：5005.30 元/m³

耐酸沥青砂浆：3805.15 元/m³

17.7 任务工作页

专业		授课教师	
工作项目	保温、隔热、防腐工程	工作任务	分部分项工程费确定
知识准备	《房屋建筑与装饰工程工程量计算规范》GB 50854—2013 中是怎样规定保温、隔热以及防腐工程的工程量计算规则和工作内容的？		
知识学习与任务完成过程	1. 工程量清单的编制 (1) 查找出清单编制的项目编码、项目名称、计量单位、项目特征的规定，结合任务资料将其填写在"清单与计价表"中相应位置上。 (2) 清单工程量计算 写出相应项目清单工程量计算规则，计算任务中的清单工程量，并将计算结果填写在"清单与计价表"中。 计算规则： 计算过程： 2. 综合单价的确定 (1) 翻阅《房屋建筑与装饰工程工程量计算规范》GB 50854—2013 查找出相应项目的工作内容并进行分析。 (2) 综合单价确定中相关定额工程量的计算 翻阅《云南省房屋建筑与装饰工程消耗量定额》查找出相关定额工程量计算规则并与清单工程量计算规则进行比较。 定额计算规则： 计算过程：		

（3）计算综合单价，填写完整"综合单价分析表"。

3. 分部分项工程费的确定

填写完整分部分项工程清单与计价表。

分部分项工程清单与计价表

序号	项目编码	项目名称	项目特征描述	计量单位	工程量	金额（元）				
						综合单价	合价	其中		
								人工费	机械费	暂估价

综合单价分析表

序号	项目编码	项目名称	计量单位	工程量	清单综合单价组成明细											综合单价
					定额编号	定额名称	定额单位	数量	单价			合价				
									人工费	材料费	机械费	人工费	材料费	机械费	管理费和利润	

综合单价材料明细表

序号	项目编码	项目名称	计量单位	工程量	材料组成明细						
					主要材料名称、规格、型号	单位	数量	单价（元）	合价（元）	暂估材料单价（元）	暂估材料合价（元）
					其他材料费			—		—	—
					材料费小计			—		—	—

序号	评价项目及权重		学生自评	老师评价
1	工作纪律和态度（20分）			
2	知识准备或知识回顾（20分）			
3	任务完成情况（60分）	① 工程量清单的编制（20分）		
4		② 综合单价的确定（20分）		
5		③ 分部分项工程费的确定（10分）		
6		④ 表格填写的规范与完整（10分）		
	小计			
	总分			

知识学习与任务完成过程

任务完成情况评价

项目 18　楼地面装饰工程

任务 18.1　楼地面工程基础知识

18.1.1　任务目的

1. 熟悉楼地面的组成及分类；

2. 了解常见的楼地面类型；

3. 了解楼地面工程的施工工艺。

18.1.2　任务要求

以个人为单位，完成学生工作页中规定的学习内容。

18.1.3　任务计划

任务计划时间 2 学时。

18.1.4　基础知识

一、楼地面的组成

楼地层是楼层和地层的总称。一般来说，地层（又称地坪）主要由地基、垫层、找平层和面层所组成，楼层主要由结构层、找平层和面层组成。当地面和楼层地面的基本构造不能满足使用或构造要求时，可增设结合层、填充层等其他构造层次，如图 18-1 所示。

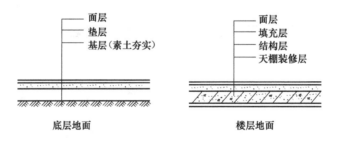

图 18-1　某工程楼地面示意图

1. 基层

多为素土夯实或加入石灰、碎石的夯实土。

2. 垫层

垫层位于基层之上，其作用是将上部的各种荷载均匀地传给基层，同时还起着隔声和找坡作用。按材料性质不同分为刚性垫层和非刚性垫层两种。刚性垫层有低强度等级混凝土、碎砖三合土等；非刚性垫层如砂、碎石、矿渣等松散材料。

3. 找平层

在垫层、楼板上或填充层上起找平、找坡等作用。常用水泥砂浆、细石混凝土、素水泥浆、沥青砂浆等。

4. 面层

面层是楼地面的最上层，也是表面层。楼地面的名称通常以面层所用的材料来命名，如水泥砂浆楼地面、橡塑楼地面、块料楼地面等。

5. 结合层

指面层与下层相结合的中间层。常用水泥砂浆、防水砂浆等。

6. 填充层

在建筑楼地面上起隔声、保温、找坡或暗敷水电管线等作用的构造层。

二、楼地面的分类

1. 按面层材料分

有水泥砂浆、混凝土、现浇水磨石、地砖、马赛克、大理石、花岗石、木、塑料、地毯等地面。

2. 按面层结构分

整体面层，如水泥砂浆、混凝土、现浇水磨石等；块料面层，如陶瓷锦砖、地砖、预制水磨石、大理石、花岗石、木板等。

三、相关概念解释

1. 主墙

指砖墙、砌块墙厚在 180mm 以上或承重墙下带有基础并与外墙同时砌筑或浇筑的墙体。

2. 墙垛

柱与墙连接处突出墙面的部分，又称为附墙柱。

3. 牵边

指台阶侧面的梯带，在台阶挡墙以上用以保护台阶，且具有一定的装饰效果。

4. 散水

指在靠外墙四周用块料或用混凝土浇成外倾护坡，坡度起泄水作用，以保护建筑周边地基土免受雨水浸蚀。

5. 水平投影面积

对构件（楼梯、台阶等）进行水平投影所得到的面积称为水平投影面积。

6. 主墙间净空面积

指房间扣除主墙、独立柱子等构件所占面积后的水平投影面积。

7. 实铺面积

在装饰工程中，用于大理石、花岗岩板、汉白玉板等铺贴面积的计算。对于楼地面装饰面层，实铺面积是指扣除大于 $0.1m^2$ 的孔洞及柱、垛、附墙烟囱等构件所占面积，增加门洞、空圈、暖气包槽和壁龛开口部分面积后的铺贴面积。

8. 分格调色水磨石：是指用白水泥色石子浆代替水泥石子浆而做成的水磨石面，也称彩色水磨石面。

9. 彩色镜面水磨石：是指高级水磨石，除质量达到规定要求外，其表面磨光应按"五浆五磨"，七道"抛光"工序施工。

四、常见面层材料

1. 汉白玉：是一种纯白色或白底带少量隐纹的大理石，石质纯净、洁白如玉。

2. 彩釉砖：是一种彩色釉面陶瓷地砖。

3. 缸砖：俗称地砖或铺地砖，其表面不上釉，色泽为暗红、浅黄、深黄或青灰色，形状有正方形、长方形和六角形。

4. 陶瓷锦砖：又称马赛克，也是一种瓷类地砖。

5. 镭射玻璃：是以玻璃为基体的饰面材料，在其表面制成全息光栅或其他几何光栅，在阳光或灯光的照射下，会反射出艳丽的七色光彩。

6. 防静电活动地板：是一种有金属材料和木质材料制成的特种地板，表面覆以耐高压装饰板。

五、楼地面工程施工工艺

（一）整体面层施工工艺

水磨石地面施工流程：基层处理→找标高→弹水平线→铺抹找平层砂浆→养护→弹分割线→镶分格条→铺水磨石拌合料→滚压抹平→养护→试磨→粗磨→细磨磨光→草酸清洗→打蜡上光。

（二）块料面层施工工艺

1. 陶瓷地砖楼地面施工流程：基层处理→弹线、定位→制作标准灰饼、做冲筋→铺结合层砂浆→刷素水泥浆、抹找平层→弹线→铺贴地砖→拨缝、调整→勾缝→养护。

2. 石材楼地面施工流程：基层处理→弹中心线→试拼、试铺→板块浸水→刮素水泥浆→铺砂浆结合层→铺放标准板块→铺设板材→灌浆、擦缝→养护、打蜡。

（三）木地板地面施工工艺

1. 实铺式双层成品木地板施工流程：基层处理→弹线、找平→安装固定格栅、剪刀撑→铺设毛地板→试铺预排→铺设木地板→打蜡→安装踢脚线→清洁。

2. 复合木地板施工流程：基层处理→弹线、找平→铺垫层→试铺预排→铺地板铺踢脚线→清洁。

18.1.5 任务工作页

专业		授课教师	
工作项目	楼地面工程基础知识	工作任务	熟悉楼地面工程相关知识
知识准备	什么是楼地面，它的构造层次是怎样的？		
知识学习与任务完成过程	1. 楼地面常见的装饰做法有哪些？		

	序号	评价项目及权重		学生自评	老师评价
任务完成 情况评价	1	工作纪律和态度（20分）			
	2	知识准备或知识回顾（20分）			
	3	任务完成情况 （60分）	第一题（20分）		
	4		第二题（20分）		
	5		第三题（20分）		
		小计			
		总分			

（表格左侧「知识学习与任务完成过程」栏内容：）

知识学习与任务完成过程

2. 举例说明整体面层和块料面层楼地面。

3. 水平投影面积、主墙间净空面积、实铺面积分别指什么？

任务 18.2　整体面层楼地面

18.2.1　任务资料

某工程底层建筑平面如图 18-2 所示，设计地面做法为现浇 60mm 厚 C10 混凝土垫层，30mm 厚 1：2.5 水泥砂浆找平层，20mm 厚 1：2 水泥砂浆面层。试确定该工程地面的分部

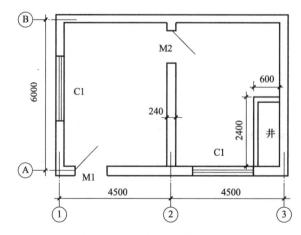

图 18-2　某工程底层建筑平面图

分项工程费。(M1: 900mm×2400mm, M2: 900mm×2400mm, C1: 1800mm×1800mm)

18.2.2 任务分析

为完成任务,必须根据图示将地面相应项目的清单工程量计算出来,并确定其综合单价,从而得到该工程地面的分部分项工程费。

18.2.3 任务目的

1. 会编制整体面层项目工程量清单;

2. 会确定整体面层项目的综合单价;

3. 会确定整体面层项目分部分项工程费。

18.2.4 任务要求

以个人为单位,利用云南省 2013 版计价依据及清单规范完成学生工作页。

18.2.5 任务计划

学生参考《房屋建筑与装饰工程工程量计算规范》GB 50384—2013 完成任务,任务计划时间 4 学时。

18.2.6 附录

部分材料价格:

水泥 P.S 32.5(散装): 330 元/m³

碎石: 75 元/m³

细砂: 90 元/m³

水: 5.6 元/m³

18.2.7 任务工作页

专业		授课教师	
工作项目	整体面层楼地面	工作任务	分部分项工程费确定
知识准备	1. 消耗量定额中的计价材与未计价材有何区别? 2. 消耗量定额中砂浆的品种、配合比若设计规定与定额不同时,如何处理?		
知识学习与任务完成过程	1. 工程量清单的编制 (1) 任务中工程地面的做法是怎样的,属于什么形式的面层结构? 查找出清单编制的项目编码、项目名称、计量单位、项目特征的规定,结合任务资料将其填写在"清单与计价表"中相应位置上。		

知识学习与任务完成过程	（2）清单工程量计算 写出相应项目清单工程量计算规则，计算任务中的清单工程量，并将计算结果填写在"清单与计价表"中。 计算规则： 计算过程： 2. 综合单价的确定 （1）翻阅《房屋建筑与装饰工程工程量计算规范》GB 50854—2013 查找出垫层及水泥砂浆楼地面的工作内容并进行分析。 任务中综合单价的确定需考虑： （2）综合单价确定中相关定额工程量的计算 翻阅《云南省房屋建筑与装饰工程消耗量定额》查找出相关定额工程量计算规则并与清单工程量计算规则进行比较。 定额计算规则： 计算过程： （3）计算综合单价，填写完整"综合单价分析表"。 3. 分部分项工程费的确定 填写完整分部分项工程清单与计价表。

分部分项工程清单与计价表

序号	项目编码	项目名称	项目特征描述	计量单位	工程量	金额（元）				
						综合单价	合价	其中		
								人工费	机械费	暂估价

综合单价分析表

序号	项目编码	项目名称	计量单位	工程量	清单综合单价组成明细										综合单价
					定额编号	定额名称	定额单位	数量	单价			合价			
									人工费	材料费	机械费	人工费	材料费	机械费	管理费和利润	

综合单价材料明细表

序号	项目编码	项目名称	计量单位	工程量	材料组成明细						
					主要材料名称、规格、型号	单位	数量	单价（元）	合价（元）	暂估材料单价（元）	暂估材料合价（元）
					其他材料费			—		—	—
					材料费小计			—		—	—
					其他材料费			—		—	—
					材料费小计			—		—	—

任务完成情况评价

序号	评价项目及权重		学生自评	老师评价
1	工作纪律和态度（20分）			
2	知识准备或知识回顾（20分）			
3	任务完成情况（60分）	① 工程量清单的编制（20分）		
4		② 综合单价的确定（20分）		
5		③ 分部分项工程费的确定（10分）		
6		④ 表格填写的规范与完整（10分）		
	小计			
	总分			

任务 18.3　块料面层楼地面

18.3.1　任务资料

某工程楼面建筑平面如图 18-3 所示，设计楼面做法为 20mm 厚 1∶2.5 水泥砂浆找平层，1∶2.5 水泥砂浆铺贴 500mm×500mm 陶瓷地砖面层。试确定该工程楼面的分部分项工程费。（M1：900mm×2400mm，M2：900mm×2400mm，C1：1800mm×1800mm）

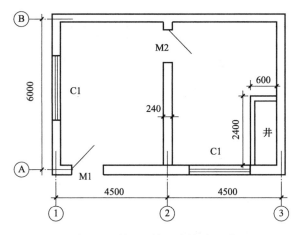
图 18-3 某工程楼面建筑平面图

18.3.2 任务分析

为完成任务，必须根据图示将楼面相应项目的清单工程量计算出来，并确定其综合单价，从而得到该工程楼面的分部分项工程费。

18.3.3 任务目的

1. 会编制块料面层项目工程量清单；

2. 会确定块料面层项目的综合单价；

3. 会确定块料面层项目分部分项工程费。

18.3.4 任务要求

以个人为单位，利用云南省 2013 版计价依据及清单规范完成学生工作页。

18.3.5 任务计划

学生参考《房屋建筑与装饰工程工程量计算规范》GB 50384—2013，《云南省建筑与装饰工程消耗量定额》完成任务，任务计划时间 4 学时。

18.3.6 附录

部分材料价格：

水泥 P. S 32.5（散装）：330 元/m³

细砂：90 元/m³

水：5.6 元/m³

500mm×500mm 陶瓷地砖：347.08 元/m²

18.3.7 任务工作页

专业		授课教师	
工作项目	块料面层楼地面	工作任务	分部分项工程费确定
知识准备	1. 工程量清单中的零星装饰项目包括哪些内容？ 2. 消耗量定额中块料面层的"零星项目"适用于哪些内容？		

知识学习与任务完成过程	1. 工程量清单的编制 (1) 任务中工程楼面的做法是怎样的，属于什么形式的面层结构？ 查找出清单编制的项目编码、项目名称、计量单位、项目特征的规定，结合任务资料将其填写在"清单与计价表"中相应位置上。 (2) 清单工程量计算 写出相应项目清单工程量计算规则，计算任务中的清单工程量，并将计算结果填写在"清单与计价表"中。 计算规则： 计算过程： 2. 综合单价的确定 (1) 翻阅《房屋建筑与装饰工程工程量计算规范》GB 50854—2013 查找出块料楼地面的工作内容并进行分析。 任务中综合单价的确定需考虑： (2) 综合单价确定中相关定额工程量的计算 翻阅《云南省房屋建筑与装饰工程消耗量定额》查找出相关定额工程量计算规则并与清单工程量计算规则进行比较。 定额计算规则： 计算过程： (3) 计算综合单价，填写完整"综合单价分析表"。

3. 分部分项工程费的确定

填写完整分部分项工程清单与计价表。

分部分项工程清单与计价表

序号	项目编码	项目名称	项目特征描述	计量单位	工程量	金额（元）				
						综合单价	合价	其中		
								人工费	机械费	暂估价

综合单价分析表

序号	项目编码	项目名称	计量单位	工程量	清单综合单价组成明细									综合单价
					定额编号	定额名称	定额单位	数量	单价			合价			
									人工费	材料费	机械费	人工费	材料费	机械费	管理费和利润	

综合单价材料明细表

序号	项目编码	项目名称	计量单位	工程量	材料组成明细						
					主要材料名称、规格、型号	单位	数量	单价（元）	合价（元）	暂估材料单价（元）	暂估材料合价（元）
					其他材料费			—		—	
					材料费小计			—	—	—	

知识学习与任务完成过程

任务完成情况评价

序号	评价项目及权重		学生自评	老师评价
1	工作纪律和态度（20分）			
2	知识准备或知识回顾（20分）			
3	任务完成情况（60分）	① 工程量清单的编制（20分）		
4		② 综合单价的确定（20分）		
5		③ 分部分项工程费的确定（10分）		
6		④ 表格填写得规范与完整（10分）		
	小计			
	总分			

任务 18.4 楼地面工程其他相关内容

18.4.1 任务目的

1. 会进行踢脚线工程量的计算；

2. 会进行楼梯面层、台阶装饰的工程量计算。

18.4.2 任务要求

以个人为单位，利用云南省 2013 版计价依据及清单规范完成学生工作页。

18.4.3 任务计划

学生参考《房屋建筑与装饰工程工程量计算规范》GB 50384—2013，《云南省房屋建

筑与装饰工程消耗量定额》完成任务，任务计划时间 4 学时。

18.4.4 任务工作页

专业		授课教师	
工作项目	楼地面工程其他相关内容	工作任务	工程量计算
知识准备	1. 楼梯踢脚线按相应定额乘以系数_____。 2. 踢脚线（板）高度以_____为界，超出时，按_____相应定额计算。定额中立体面层踢脚线（板）取定高度为_____，如设计不同时_____。 3. 定额中螺旋形楼梯的装饰应如何处理？
知识学习与任务完成过程	踢脚线项目： 1. 翻阅《房屋建筑与装饰工程工程量计算规范》GB 50854—2013，《云南省房屋建筑与装饰工程消耗量定额》查找出踢脚线相关的计算规则。 清单计算规则： 定额计算规则： 2. 某建筑平面如下图所示，踢脚线为水泥砂浆踢脚线，试求其清单和定额工程量。（已知木门框厚度取90mm，墙垛尺寸为125mm×240mm） 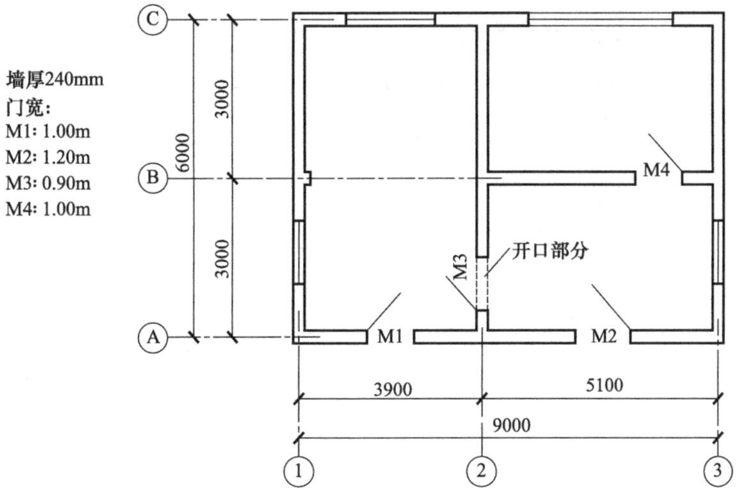 墙厚240mm 门宽： M1：1.00m M2：1.20m M3：0.90m M4：1.00m 计算过程：

	3. 上题中，若踢脚线为花岗岩踢脚线，其清单和定额工程量又该是多少？ 计算过程： 楼梯装饰项目： 1. 翻阅《房屋建筑与装饰工程工程量计算规范》GB 50854—2013，《云南省房屋建筑与装饰工程消耗量定额》查找出楼梯装饰项目相关的计算规则。 清单计算规则： 定额计算规则： 2. 如下图所示，计算一层不等跑楼梯花岗岩楼梯面的清单和定额工程量，四周墙厚为240mm。 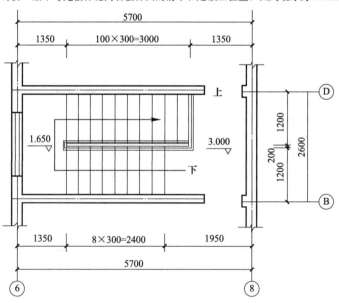 计算过程：
知识 学习 与 任务 完成 过程	

	台阶装饰项目： 1. 翻阅《房屋建筑与装饰工程工程量计算规范》GB 50854—2013，《云南省房屋建筑与装饰工程消耗量定额》查找出台阶装饰相关的计算规则。 清单计算规则： 定额计算规则： 2. 某建筑室外台阶如下图所示，门厅及室外台阶均做水磨石面层，试计算室外台阶部分的工程量。
知识学习与任务完成过程	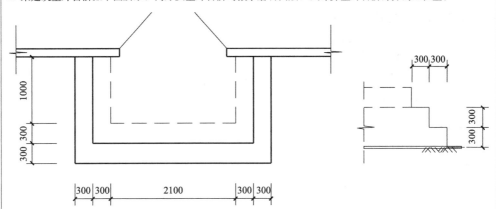 计算过程：

	序号	评价项目及权重		学生自评	老师评价
任务完成情况评价	1	工作纪律和态度（20分）			
	2	知识准备或知识回顾（20分）			
	3	任务完成情况 （60分）	① 踢脚线项目（20分）		
	4		② 楼梯装饰项目（20分）		
	5		③ 台阶装饰项目（20分）		
		小计			
		总分			

项目19　墙柱面装饰与隔断、幕墙工程

任务19.1　墙柱面工程基础知识

19.1.1　任务目的

1. 熟悉常见的墙柱面装修种类；

2. 了解楼地面工程的施工工艺。

19.1.2　任务要求

以个人为单位，完成学生工作页中规定的学习内容。

19.1.3　任务计划

任务计划时间1学时。

19.1.4　基础知识

一、墙柱面工程的分类

墙柱面装修可分为抹灰类、贴面类、涂料类、裱糊类和镶钉类。

（一）抹灰类墙面

抹灰是用水泥、石灰膏作为胶结材料加入砂或石粒等，与水拌和成砂浆和石渣浆，涂抹在建筑物的墙、顶等表面的一种装饰技术。它是工业与民用建筑物装饰工程中不可缺少的项目，也是房屋建筑的重要组成部分。

为了保证抹灰层与基层粘结牢固、控制抹平、保证质量、抹灰层不产生起鼓、开裂和脱落，一般应分层涂抹。抹灰层一般由底层、中层和面层三层组成。

抹灰类墙面分为一般抹灰和装饰抹灰。

（1）一般抹灰

一般抹灰其面层材料有石灰砂浆、水泥混合砂浆、水泥砂浆、聚合物水泥砂浆、膨胀珍珠岩水泥砂浆和麻刀灰、纸筋灰、石膏灰等。按其质量要求及主要工序的不同分为普通抹灰、中级抹灰和高级抹灰三级。

（2）装饰抹灰

装饰抹灰指的是抹灰面层为水刷石、水磨石、斩假石、干粘石、假面砖、拉条灰、拉毛灰、喷涂、滚涂、弹涂、仿石和彩色抹灰。

（二）贴面类墙面

贴面类墙面是用饰面砖、天然石材或人造饰面板进行的室内外墙柱面饰面，以及用装饰外墙板进行的外墙饰面。常用的贴面材料有面砖、瓷砖、锦砖等陶瓷和玻璃制品、水磨石板和剁斧石板等水泥制品以及花岗岩板和大理石板等天然石板。

（三）镶钉类墙面装修

镶钉类装修是将各种天然材料或人造薄板镶钉在墙面上的装修做法，其构造与骨架隔

墙相似，由骨架和面板两部分组成。

（四）隔断

隔断是分隔室内空间的装修构件。隔断的形式有屏风式、镂空式、玻璃墙式、移动式以及家具式隔断等。

二、墙柱面工程施工工艺

（一）墙柱面抹灰

抹灰工程施工是分层进行的，以利于抹灰牢固、抹面平整和保证质量。

室内抹灰施工工艺流程：基层清理→浇水湿润→吊垂直、套方、找规矩、做灰饼→抹水泥踢脚（或墙裙）→做护角→墙面充筋→抹底灰→抹罩面灰。

室外抹灰施工工艺流程：墙面基层清理、浇水湿润→堵门窗口缝及脚手眼→吊垂直、套方、找规矩、抹灰饼、充筋→抹底层灰、中层灰→分格弹线、嵌分格条→抹面层灰、起分格条→抹滴水线→养护。

装饰抹灰的底层与一般抹灰要求相同，只是面层根据材料及其施工方法的不同而具有不同的形式。

（二）墙柱面镶贴块料

1. 湿法安装

小规格块材（粘贴）施工工艺：基层处理→吊垂直、套方、找规矩、贴灰饼→抹底层砂浆→弹线分格→排块材→镶贴块材→表面勾缝及擦缝。

普通型大规格块材（挂贴）施工工艺：施工准备（钻孔、剔槽）→穿铜丝或镀锌铅丝与块材固定→绑扎→固定钢丝网→吊垂直、找规矩、弹线→石材刷防护剂→安装石材→分层灌缝→擦缝。

2. 干法（干挂）安装：干法安装也称为直接挂板法，是用不锈钢角钢将板块支托固定在墙上。

19.1.5 任务工作页

专业		授课教师	
工作项目	墙柱面工程基础知识	工作任务	熟悉墙柱面工程相关知识
知识学习与任务完成过程	1. 墙柱面常见的装饰做法有哪些？ 2. 什么是一般抹灰？什么是装饰抹灰？		

	序号	评价项目及权重		学生自评	老师评价
任务完成 情况评价	1	工作纪律和态度（20分）			
	2	任务完成情况 （80分）	第一题（40分）		
	3		第二题（40分）		
		小计			
		总分			

续表

任务 19.2　抹灰类墙柱面

19.2.1　任务资料

如图 19-1 所示的某单层建筑物，室内净高 2.8m，外墙高 3.0m，M-1 宽和高为 2000mm×2400mm，M-2 宽和高为 900mm×2000mm，C-1 宽和高为 1500mm×1500mm，墙体为砖墙体。装修做法为：（1）内墙面 1∶1∶6 混合砂浆底 16mm 厚，1∶1∶4 混合砂浆面 5mm 厚；（2）外墙面 1∶3 水泥砂浆底 14mm 厚，1∶2.5 水泥砂浆面 6mm 厚，试确定该工程墙面装修的分部分项工程费。

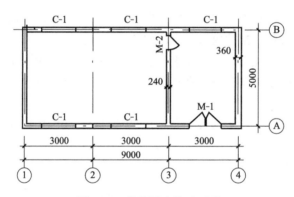

图 19-1　某单层建筑平面图

19.2.2　任务分析

为完成任务，必须根据图示将墙面装修的清单工程量计算出来，并确定其综合单价，从而得到该项目的分部分项工程费。

19.2.3　任务目的

1. 会编制抹灰类墙柱面项目工程量清单；

2. 会确定抹灰类墙柱面项目的综合单价；

3. 会确定抹灰类墙柱面项目分部分项工程费。

19.2.4　任务要求

以个人为单位，利用云南省 2013 版计价依据及清单规范完成学生工作页。

19.2.5　任务计划

学生参考《房屋建筑与装饰工程工程量计算规范》GB 50854—2013，《云南省房屋建筑与装饰工程消耗量定额》完成任务，任务计划时间 3 学时。

19.2.6 附录

部分材料价格：

水泥 P.S 32.5（袋装）：416 元/m³

细砂：98 元/m³

水：5.6 元/m³

石灰膏：0.33 元/kg

19.2.7 任务工作页

专业		授课教师		
工作项目	抹灰类墙柱面	工作任务	分部分项工程费确定	
知识 准备	当设计规定的抹灰层厚度与定额规定不一致时，应如何处理？ 			
知识 学习 与 任务 完成 过程	1. 工程量清单的编制 （1）任务中工程墙面装修的做法是怎样的，属于什么形式的面层结构？ 查找出清单编制的项目编码、项目名称、计量单位、项目特征的规定，结合任务资料将其填写在"清单与计价表"中相应位置上。 （2）清单工程量计算 写出相应项目清单工程量计算规则，计算任务中的清单工程量，并将计算结果填写在"清单与计价表"中。 计算规则： 计算过程： 2. 综合单价的确定 （1）翻阅《房屋建筑与装饰工程工程量计算规范》GB 50854—2013 查找出墙面抹灰项目的工作内容并进行分析。 任务中综合单价的确定需考虑： 			

（2）综合单价确定中相关定额工程量的计算

翻阅《云南省房屋建筑与装饰工程消耗量定额》查找出相关定额工程量计算规则并与清单工程量计算规则进行比较。

定额计算规则：

计算过程：

（3）计算综合单价，填写完整"综合单价分析表"。

3. 分部分项工程费的确定

填写完整分部分项工程清单与计价表。

知识学习与任务完成过程

分部分项工程清单与计价表

序号	项目编码	项目名称	项目特征描述	计量单位	工程量	金额（元）				
						综合单价	合价	其中		
								人工费	机械费	暂估价

综合单价分析表

序号	项目编码	项目名称	计量单位	工程量	清单综合单价组成明细										综合单价
					定额编号	定额名称	定额单位	数量	单价			合价			
									人工费	材料费	机械费	人工费	材料费	机械费	管理费和利润

					综合单价材料明细表						
知识学习与任务完成过程	序号	项目编码	项目名称	计量单位	工程量	材料组成明细					
						主要材料名称、规格、型号	单位	数量	单价（元）	合价（元）	暂估材料单价（元）
											暂估材料合价（元）
					其他材料费		—		—		—
					材料费小计		—		—		—
					其他材料费		—		—		—
					材料费小计		—		—		—

	序号	评价项目及权重		学生自评	老师评价
任务完成情况评价	1	工作纪律和态度（20分）			
	2	知识准备或知识回顾（20分）			
	3	任务完成情况（60分）	① 工程量清单的编制（20分）		
	4		② 综合单价的确定（20分）		
	5		③ 分部分项工程费的确定（10分）		
	6		④ 表格填写的规范与完整（10分）		
		小计			
		总分			

任务 19.3　镶贴块料类墙柱面

19.3.1　任务资料

某变电室，外墙面尺寸如图 19-2 所示，M：1500mm×2000mm；C1：1500mm×1500mm；C2：1200mm×800mm；墙厚 240mm，门窗均采用 38 系列实腹钢门窗，对中立樘，框宽 40mm。墙体为砖砌体，外墙面 1∶3 水泥砂浆打底、找平厚 13mm，1∶2 水泥砂浆贴 200mm×150mm 面砖（缝宽 10mm）。试确定该工程外墙面装修的分部分项工程费。

19.3.2　任务分析

为完成任务，必须根据图示将外墙面装修的清单工程量计算出来，并确定其综合单价，从而得到该项目的分部分项工程费。

19.3.3　任务目的

1. 会编制镶贴块料类墙柱面项目工程量清单；

2. 会确定镶贴块料类墙柱面项目的综合单价；

3. 会确定镶贴块料类墙柱面项目分部分项工程费。

187

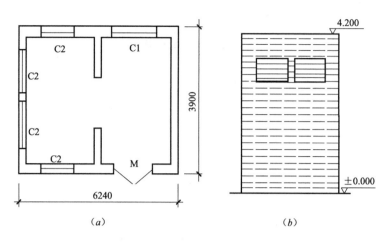

图 19-2 某变电室建筑平面图、外墙示意图

(a) 建筑平面图；(b) 外墙示意图

19.3.4 任务要求

以个人为单位，利用云南省 2013 版计价依据及清单规范完成学生工作页。

19.3.5 任务计划

学生参考《房屋建筑与装饰工程工程量计算规范》GB 50854—2013，《云南省房屋建筑与装饰工程消耗量定额》完成任务，任务计划时间 4 学时。

19.3.6 附录

部分材料价格：

水泥 P.S 32.5（袋装）：416 元/m³

细砂：98 元/m³

水：5.6 元/m³

200mm×150mm 面砖：90 元/m²

19.3.7 任务工作页

专业		授课教师	
工作项目	镶贴块料类墙柱面	工作任务	分部分项工程费确定
知识准备	1. 圆弧形、锯齿形等不规则墙面装饰抹灰、镶贴块料时应如何处理？ 2. 定额中镶贴块料和装饰抹灰的"零星项目"适用于哪些内容？		

知识学习与任务完成过程	1. 工程量清单的编制 (1) 任务中工程墙面装修的做法是怎样的，属于什么形式的面层结构？ 查找出清单编制的项目编码、项目名称、计量单位、项目特征的规定，结合任务资料将其填写在"清单与计价表"中相应位置上。 (2) 清单工程量计算 写出相应项目清单工程量计算规则，计算任务中的清单工程量，并将计算结果填写在"清单与计价表"中。 计算规则： 计算过程： 2. 综合单价的确定 (1) 翻阅《房屋建筑与装饰工程工程量计算规范》GB 50854—2013 查找出找平层、面层项目的工作内容并进行分析。 任务中综合单价的确定需考虑： (2) 综合单价确定中相关定额工程量的计算 翻阅《云南省房屋建筑与装饰工程消耗量定额》查找出相关定额工程量计算规则并与清单工程量计算规则进行比较。 定额计算规则： 计算过程：

（3）计算综合单价，填写完整"综合单价分析表"。

3. 分部分项工程费的确定

填写完整分部分项工程清单与计价表。

分部分项工程清单与计价表

序号	项目编码	项目名称	项目特征描述	计量单位	工程量	金额（元）				
						综合单价	合价	其中		
								人工费	机械费	暂估价

综合单价分析表

序号	项目编码	项目名称	计量单位	工程量	清单综合单价组成明细										综合单价
					定额编号	定额名称	定额单位	数量	单价			合价			
									人工费	材料费	机械费	人工费	材料费	机械费	管理费和利润	

综合单价材料明细表

序号	项目编码	项目名称	计量单位	工程量	材料组成明细						
					主要材料名称、规格、型号	单位	数量	单价（元）	合价（元）	暂估材料单价（元）	暂估材料合价（元）
					其他材料费	—		—		—	
					材料费小计	—		—		—	
					其他材料费	—		—		—	
					材料费小计	—		—		—	

知识学习与任务完成过程

	序号	评价项目及权重		学生自评	老师评价
任务完成 情况评价	1	工作纪律和态度（20分）			
	2	知识准备或知识回顾（20分）			
	3	任务完成情况 （60分）	① 工程量清单的编制（20分）		
	4		② 综合单价的确定（20分）		
	5		③ 分部分项工程费的确定（10分）		
	6		④ 表格填写的规范与完整（10分）		
		小计			
		总分			

任务 19.4 幕墙与隔断工程

19.4.1 任务目的

熟悉幕墙与隔断工程的工程量计算。

19.4.2 任务要求

以个人为单位，完成学生工作页中规定的学习内容。

19.4.3 任务计划

任务计划时间 2 学时。

19.4.4 任务工作页

专业		授课教师	
工作项目	幕墙与隔断工程	工作任务	熟悉工程量的计算规定
知识 学习 与 任务 完成 过程	幕墙项目： 1. 幕墙钢骨架按什么项目列项？ 2. 翻阅《房屋建筑与装饰工程工程量计算规范》GB 50854—2013，《云南省房屋建筑与装饰工程消耗量定额》查找出相关的计算规则。 清单计算规则： 定额计算规则： 		

知识学习与任务完成过程	隔断项目： 翻阅《房屋建筑与装饰工程工程量计算规范》GB 50854—2013，《云南省房屋建筑与装饰工程消耗量定额》查找出相关的计算规则。 清单计算规则： 定额计算规则：

任务完成情况评价	序号	评价项目及权重		学生自评	老师评价
	1	工作纪律和态度（20分）			
	2	任务完成情况（80分）	幕墙项目（40分）		
	3		隔断项目（40分）		
		小计			
		总分			

项目 20　天　棚　工　程

任务 20.1　天棚工程基础知识

20.1.1　任务目的

1. 熟悉天棚工程的分类；

2. 了解天棚工程的施工工艺。

20.1.2　任务要求

以个人为单位，完成学生工作页中规定的学习内容。

20.1.3　任务计划

任务计划时间 1 学时。

20.1.4　基础知识

一、天棚工程概述

天棚又名顶棚、吊顶、天花板、平顶，是一种室内装修，是室内空间的顶界面。选用不同的天棚处理方法，可以取得不同的空间感觉，还可以延伸和扩大空间感，给人的视觉起导向作用，又可以增加室内亮度和美观，此外具有保温、隔热、隔音和吸声作用。

天棚的造型是多种多样的，除平面型外有多种起伏型。起伏型吊顶即上凸或下凹的形式，它可有两个或更多的高低层次，其剖面有梯形、圆拱形、折线形等。水平面上有方、圆、菱、三角、多边形等几何形状。天棚面层在同一标高者为平面天棚，天棚面层不在同一标高者为阶梯式（跌级式）天棚。

二、天棚工程分类

天棚的功能基本相同，但形式各异，可大致分为直接式和悬挂式两种。

（一）直接式天棚

直接式天棚是在楼板底面直接喷浆和抹灰，或粘贴其他装饰材料。一般用于装饰性要求不高的住宅、办公楼及其他民用建筑。

直接式天棚按照施工方法和装饰材料的不同，分为以下三种：直接刷浆式天棚、直接抹灰式天棚、直接粘贴式天棚。

（二）悬吊式天棚

悬吊式天棚又名"吊顶"，它离开屋顶或楼板的下表面有一定的距离，通过悬挂物与主体结构联结在一起，是室内装饰的重要组成部分。吊顶具有保温、隔热、隔音和吸声作用，又可以增加室内亮度和美观。

吊顶按设置的位置不同分屋架下吊顶和混凝土楼板吊顶；按吊顶所用材料不同可分为木质板吊顶、石膏板吊顶、金属装饰板吊顶、无机纤维板吊顶、水泥硅酸盐板吊顶等；按结构形式的不同可分为活动式装配吊顶、隐蔽式装配吊顶、金属装饰板吊顶、开敞式吊顶及整体式吊顶等。

吊顶的基本构造包括吊筋、龙骨和面层三部分。吊筋通常用圆钢制作，龙骨可用木、钢和铝合金制作。面层常用纸面石膏板、夹板、铝合金板、塑料扣板等。

三、天棚工程施工工艺

（一）天棚抹灰施工工艺

施工准备→基层处理→找规矩→分层抹灰→罩面装饰抹灰。

（二）天棚吊顶施工工艺

安装吊点紧固件→沿吊顶标高线固定墙边龙骨→刷防火漆→拼接龙骨→分片吊装与吊点固定→分片间的连接→预留孔洞→整体调整→安装饰面板。

20.1.5 任务工作页

专业		授课教师	
工作项目	天棚工程基础知识	工作任务	熟悉天棚工程相关知识
知识学习与任务完成过程	1. 什么是平面天棚？什么是跌级天棚？ 2. 天棚装饰可分为哪两类？		

任务完成情况评价	序号	评价项目及权重		学生自评	老师评价
	1	工作纪律和态度（20分）			
	2	任务完成情况（80分）	第1题（40分）		
	3		第2题（40分）		
		小计			
		总分			

任务 20.2 天棚抹灰

20.2.1 任务资料

某现浇钢筋混凝土天棚如图 20-1 所示。柱截断面为 400mm×400mm，天棚 7mm 厚 1：3 水泥砂浆打底，3mm 厚 1：2 水泥砂浆面，刮双飞粉两遍，刷白乳胶漆两遍，外墙 240mm 厚，与柱外边平齐，其余部位无内墙。试确定天棚抹灰项目的分部分项工程费。

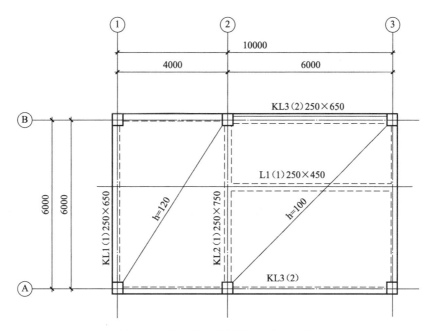

图 20-1 某现浇钢筋混凝土天棚示意图

20.2.2 任务分析

为完成任务，必须根据图示将天棚抹灰项目的清单工程量计算出来，并确定其综合单价，从而得到该工程天棚抹灰的分部分项工程费。

20.2.3 任务目的

1. 会编制天棚抹灰项目工程量清单；

2. 会确定天棚抹灰项目的综合单价；

3. 会确定天棚抹灰项目分部分项工程费。

20.2.4 任务要求

以个人为单位，利用云南省 2013 版计价依据及清单规范完成学生工作页。

20.2.5 任务计划

学生参考《房屋建筑与装饰工程工程量计算规范》GB 50854—2013，《云南省房屋建筑与装饰工程消耗量定额》完成任务，任务计划时间 3 学时。

20.2.6 附录

部分材料价格：

水泥 P. S 32.5（袋装）：416 元/m³

细砂：98 元/m³

水：5.6 元/m³

20.2.7 任务工作页

专业		授课教师	
工作项目	天棚抹灰	工作任务	分部分项工程费确定
知识准备	1. 定额中，砂浆配合比与设计不同时，＿＿＿＿＿＿；抹灰厚度＿＿＿＿＿＿。 2. 定额中，带密肋小梁及井字梁混凝土天棚抹灰，按混凝土天棚抹灰子目执行，人工增加＿＿＿＿＿＿＿＿＿＿。		

	1. 工程量清单的编制
	(1) 任务中天棚装修的做法是怎样的，属于什么形式的面层结构？
	查找出清单编制的项目编码、项目名称、计量单位、项目特征的规定，结合任务资料将其填写在"清单与计价表"中相应位置上。
	(2) 清单工程量计算
	写出相应项目清单工程量计算规则，计算任务中的清单工程量，并将计算结果填写在"清单与计价表"中。
	计算规则：
	计算过程：
知识学习与任务完成过程	
	2. 综合单价的确定
	(1) 翻阅《房屋建筑与装饰工程工程量计算规范》GB 50854—2013查找出天棚抹灰项目的工作内容并进行分析。
	任务中综合单价的确定需考虑：
	(2) 综合单价确定中相关定额工程量的计算
	翻阅《云南省房屋建筑与装饰工程消耗量定额》查找出相关定额工程量计算规则并与清单工程量计算规则进行比较。
	定额计算规则：
	计算过程：
	(3) 计算综合单价，填写完整"综合单价分析表"。

3. 分部分项工程费的确定

填写完整分部分项工程清单与计价表。

分部分项工程清单与计价表

序号	项目编码	项目名称	项目特征描述	计量单位	工程量	金额（元）				
						综合单价	合价	其中		
								人工费	机械费	暂估价

综合单价分析表

序号	项目编码	项目名称	计量单位	工程量	清单综合单价组成明细										综合单价
					定额编号	定额名称	定额单位	数量	单价			合价			
									人工费	材料费	机械费	人工费	材料费	机械费	管理费和利润	

综合单价材料明细表

序号	项目编码	项目名称	计量单位	工程量	材料组成明细						
					主要材料名称、规格、型号	单位	数量	单价（元）	合价（元）	暂估材料单价（元）	暂估材料合价（元）
					其他材料费	—			—		—
					材料费小计	—			—		—

（左侧标题：知识学习与任务完成过程）

	序号	评价项目及权重		学生自评	老师评价
任务完成情况评价	1	工作纪律和态度（20分）			
	2	知识准备或知识回顾（20分）			
	3	任务完成情况（60分）	① 工程量清单的编制（20分）		
	4		② 综合单价的确定（20分）		
	5		③ 分部分项工程费的确定（10分）		
	6		④ 表格填写的规范与完整（10分）		
		小计			
		总分			

任务 20.3 天 棚 吊 顶

20.3.1 任务资料

某大厅吊顶天棚如图 20-2 所示，该工程墙体为 240mm 砖墙，KZ2：600mm×600mm，其余未标注的柱为 KZ1：500mm×500mm。大厅采用不上人型装配式 U 形轻钢龙骨，龙骨间距 400mm×500mm，φ6 钢筋吊筋，吊筋高 250mm，面层为纸面石膏板。试确定吊顶天棚项目的分部分项工程费。

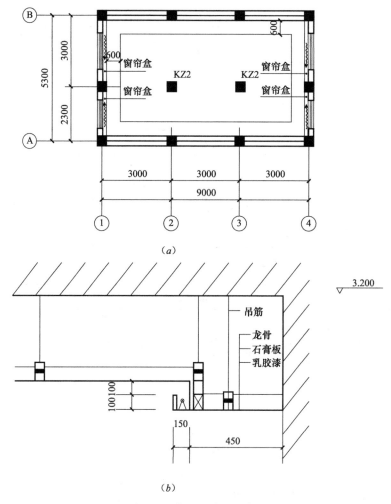

图 20-2　某工程吊顶示意图

(a) 吊顶平面图；(b) 吊顶细部示意图

20.3.2　任务分析

为完成任务，必须根据图示将吊顶天棚项目的清单工程量计算出来，并确定其综合单价，从而得到该工程吊顶天棚的分部分项工程费。

20.3.3　任务目的

1. 会编制天棚吊顶项目工程量清单；

2. 会确定天棚吊顶项目的综合单价；

3. 会确定天棚吊顶项目分部分项工程费。

20.3.4　任务要求

以个人为单位，利用云南省 2013 版计价依据及清单规范完成学生工作页。

20.3.5　任务计划

学生参考《房屋建筑与装饰工程工程量计算规范》GB 50854—2013，《云南省房屋建

筑与装饰工程消耗量定额》完成任务，任务计划时间 3 学时。

20.3.6 附录

部分材料价格：

轻钢龙骨不上人型（跌级）400mm×500mm：70 元/m²，

石膏板 δ＝9mm：20 元/m²

20.3.7 任务工作页

专业		授课教师	
工作项目	天棚抹灰	工作任务	分部分项工程费确定
知识准备	1. 定额中跌级天棚的面层应如何处理？ 2. 轻钢龙骨、铝合金龙骨分为单层和双层结构，定额中按双层结构编制，如为单层结构，应如何处理？		
知识学习与任务完成过程	1. 工程量清单的编制 （1）任务中天棚装修的做法是怎样的，属于什么形式的面层结构？ 查找出清单编制的项目编码、项目名称、计量单位、项目特征的规定，结合任务资料将其填写在"清单与计价表"中相应位置上。 （2）清单工程量计算 写出相应项目清单工程量计算规则，计算任务中的清单工程量，并将计算结果填写在"清单与计价表"中。 计算规则： 计算过程： 2. 综合单价的确定 （1）翻阅《房屋建筑与装饰工程工程量计算规范》GB 50854—2013 查找出天棚吊顶项目的工作内容并进行分析。 任务中综合单价的确定需考虑：		

（2）综合单价确定中相关定额工程量的计算

翻阅《云南省房屋建筑与装饰工程消耗量定额》查找出相关定额工程量计算规则并与清单工程量计算规则进行比较。

定额计算规则：

计算过程：

（3）计算综合单价，填写完整"综合单价分析表"。

3. 分部分项工程费的确定

填写完整分部分项工程清单与计价表。

分部分项工程清单与计价表

序号	项目编码	项目名称	项目特征描述	计量单位	工程量	金额（元）				
						综合单价	合价	其中		
								人工费	机械费	暂估价

综合单价分析表

序号	项目编码	项目名称	计量单位	工程量	清单综合单价组成明细									综合单价
					定额编号	定额名称	定额单位	数量	单价			合价			
									人工费	材料费	机械费	人工费	材料费	机械费	管理费和利润	

综合单价材料明细表

序号	项目编码	项目名称	计量单位	工程量	材料组成明细						
					主要材料名称、规格、型号	单位	数量	单价（元）	合价（元）	暂估材料单价（元）	暂估材料合价（元）
					其他材料费	—		—	—		
					材料费小计	—		—	—		

知识学习与任务完成过程

	序号	评价项目及权重		学生自评	老师评价
任务完成情况评价	1	工作纪律和态度（20分）			
	2	知识准备或知识回顾（20分）			
	3	任务完成情况（60分）	① 工程量清单的编制（20分）		
	4		② 综合单价的确定（20分）		
	5		③ 分部分项工程费的确定（10分）		
	6		④ 表格填写的规范与完整（10分）		
		小计			
		总分			

项目 21　油漆、涂料、裱糊工程

21.1　任务资料

某现浇钢筋混凝土天棚如图 21-1 所示。柱截面为 400mm×400mm，天棚 7mm 厚 1∶3 水泥砂浆打底，3mm 厚 1∶2 水泥砂浆面，刮双飞粉两遍，刷白乳胶漆两遍，外墙 240mm 厚，与柱外边平齐，其余部位无内墙。试确定该工程天棚喷刷涂料项目的分部分项工程费。

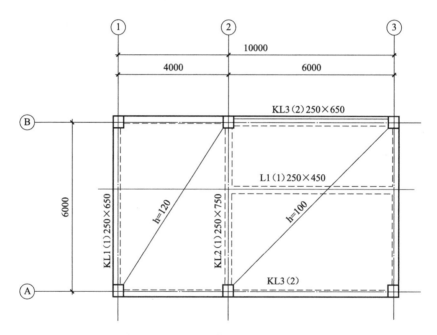

图 21-1　某现浇钢筋混凝土天棚示意图

21.2　任务分析

为完成任务，必须根据图示将天棚涂料项目的清单工程量计算出来，并确定其综合单价，从而得到该工程天棚项目的分部分项工程费。

21.3　任务目的

1. 会编制油漆涂料项目工程量清单；
2. 会确定油漆涂料项目的综合单价；
3. 会确定油漆涂料项目分部分项工程费。

21.4　任务要求

以个人为单位，利用云南省 2013 版计价依据及清单规范完成学生工作页。

21.5　任务计划

学生参考《房屋建筑与装饰工程工程量计算规范》GB 50854—2013，《云南省房屋建

筑与装饰工程消耗量定额》完成任务，任务计划时间 4 学时。

21.6 附录

一、学习参考资料：

建筑油漆涂料指涂敷于建筑物表面，并能与建筑表面材料很好地粘结，形成完整涂膜的材料，其主要原料是天然油脂、天然树脂、合成树脂及其乳液、无机硅酸盐和硅溶胶等。

（一）油漆工程　是将油质液体涂刷在木材、金属构件的表面上。

油漆工程的施工，按其施工顺序的先后，有基层处理、打底子、刮油灰（抹腻子）和涂刷等。

（二）涂料工程　是将涂料（主要是水质涂料）喷刷在抹灰层的表面上。

在涂刷前，基层表面应平整，清除所有油污及砂浆流痕，保持干净和干燥；涂刷时要求颜色均匀不流坠，不显刷纹，不脱皮，不掉粉，不反碱，不咬色，不漏刷，不透底。

（三）裱糊工程　是指室内平整光洁的墙壁、顶棚面和室内其他构件表面用壁纸、墙布等材料裱糊的装饰工程。

裱糊工程的施工主要分基层处理、裁纸、刷胶糊纸三个步骤。

二、部分材料价格：

乳胶漆：20.81 元/kg

117 胶：14 元/kg

滑石粉：0.8 元/kg

双飞粉：0.5 元/kg

21.7 任务工作页

专业		授课教师	
工作项目	天棚喷刷涂料	工作任务	分部分项工程费确定
知识准备	1. 油漆工程的施工，需要经过哪些工序？ 2. 定额中，抹灰面油漆的其他小面积构件是指哪些项目？		

	1. 工程量清单的编制
知识学习与任务完成过程	(1) 任务中天棚装修的做法是怎样的，需要考虑哪些油漆、涂料项目？ 查找出清单编制的项目编码、项目名称、计量单位、项目特征的规定，结合任务资料将其填写在"清单与计价表"中相应位置上。 (2) 清单工程量计算 写出相应项目清单工程量计算规则，计算任务中的清单工程量，并将计算结果填写在"清单与计价表"中。 计算规则： 计算过程： 2. 综合单价的确定 (1) 翻阅《房屋建筑与装饰工程工程量计算规范》GB 50854—2013 查找出天棚喷刷涂料项目的工作内容并进行分析。 任务中综合单价的确定需考虑： (2) 综合单价确定中相关定额工程量的计算 翻阅《云南省房屋建筑与装饰工程消耗量定额》查找出相关定额工程量计算规则并与清单工程量计算规则进行比较。 定额计算规则： 计算过程： (3) 计算综合单价，填写完整"综合单价分析表"。

3. 分部分项工程费的确定

填写完整分部分项工程清单与计价表。

分部分项工程清单与计价表

序号	项目编码	项目名称	项目特征描述	计量单位	工程量	金额（元）				
						综合单价	合价	其中		
								人工费	机械费	暂估价

综合单价分析表

序号	项目编码	项目名称	计量单位	工程量	清单综合单价组成明细										综合单价
					定额编号	定额名称	定额单位	数量	单价			合价				
									人工费	材料费	机械费	人工费	材料费	机械费	管理费和利润	

综合单价材料明细表

序号	项目编码	项目名称	计量单位	工程量	材料组成明细						
					主要材料名称、规格、型号	单位	数量	单价（元）	合价（元）	暂估材料单价（元）	暂估材料合价（元）
					其他材料费			—	—		—
					材料费小计			—	—		—

知识学习与任务完成过程 （左侧标题栏）

任务完成情况评价 （左侧标题栏）

序号	评价项目及权重		学生自评	老师评价
1	工作纪律和态度（20分）			
2	知识准备或知识回顾（20分）			
3	任务完成情况（60分）	① 工程量清单的编制（20分）		
4		② 综合单价的确定（20分）		
5		③ 分部分项工程费的确定（10分）		
6		④ 表格填写的规范与完整（10分）		
	小计			
	总分			

项目 22 措 施 项 目

任务 22.1 措施项目概述

22.1.1 任务目的

掌握措施项目费的概念、含义和分类。

22.1.2 任务要求

以个人为单位，完成学生工作页中规定的学习内容。

22.1.3 任务计划

任务计划时间 1 学时。

22.1.4 基础知识

措施项目概述

措施项目费是指为完成建设工程施工，发生于该工程施工前和施工过程中的技术、生活、安全、文明、环境保护等方面的费用。措施项目费分为总价措施项目费和单价措施项目费。措施项目清单应根据拟建工程的实际情况列项。若出现《建设工程工程量清单计价规范》未列的项目，可根据实际情况补充。

一般来说，措施项目的费用的发生和金额的大小与使用时间、施工方法或者两个以上工序相关，与实际完成的实体工程量的多少关系不大，典型的是文明施工、安全施工、临时设施、环境保护等。但是有的措施项目，则是可以计算工程量的项目，典型的是脚手架工程、模板及支架工程等，用分部分项工程量清单的方式采用综合单价，更有利于措施费的确定和调整，更有利于合同管理。措施项目中不能计算工程量的项目清单，以"项"为计量单位；可以计算工程量的项目清单宜采用分部分项工程项目清单的方式编制，列出项目编码、项目名称、项目特征、计量单位和工程量。

一、总价措施项目费

1. 安全文明施工费

安全文明施工费包括：

（1）环境保护费：是指施工现场为达到环保部门要求的环境卫生标准，改善生产条件和作业环境所需要的各项费用。

（2）文明施工费：是指施工现场文明施工所需要的各项费用。

（3）安全施工费：是指施工现场安全施工所需要的各项费用。

（4）临时设施：是指施工企业为进行建设工程施工所必须搭设的生活和生产用的临时建筑物、构筑物和其他临时设施费用。包括临时设施的搭设、维修、拆除、清理费或摊销费等。

安全文明施工费中各费用的工作内容及包含范围详见《工程量计算规范》。

2. 夜间施工增加费

夜间施工增加费是指因夜间施工所发生的夜班补助费、夜间施工降效、夜间施工照明设备摊销及照明用电等费用。

3. 二次搬运费

二次搬运费是指因施工场地条件限制而发生的材料、构配件、半成品等一次运输不能到达堆放地点，必须进行二次或多次搬运所发生的费用。

4. 冬雨季施工增加费

冬雨季施工增加费是指在冬季或雨季施工需增加的临时设施、防滑、排除雨雪的人工及施工机械效率降低等增加的费用。

5. 已完工程及设备保护费

已完工程及设备保护费是指竣工验收前，对已完工程及设备采取的必要保护措施所发生的费用。

6. 工程定位复测费

工程定位复测费是指工程施工过程中进行全部施工测量放线和复测工作的费用。

7. 特殊地区施工增加费

特殊地区施工增加费是指工程在沙漠或其边缘地区、高海拔、高寒、原始森林等特殊地区施工增加的费用。

8. 其他

二、单价措施项目费

单价措施项目费是对能计算工程量的措施项目，采用单价方式计算的措施项目费。各专业消耗量定额中措施项目不大相同。《云南省房屋建筑与装饰工程消耗量定额》中列有土石方及桩基础工程、脚手架工程、模板及支架工程、垂直运输及超高增加费、大型机械进退场费等。

22.1.5 任务工作页

专业			授课教师	
工作项目		措施项目	工作任务	措施项目概述
知识学习与任务完成过程	1. 简述措施项目费的概念。措施项目费如何分类？ 2. 总价措施项目费包括哪些内容？ 3. 《云南省房屋建筑与装饰工程消耗量定额》中列有哪些措施项目费？			

	序号	评价项目及权重		学生自评	老师评价
任务完成情况评价	1	工作纪律和态度（20分）			
	2	任务完成情况（80分）	第1题（30分）		
	3		第2题（25分）		
	4		第3题（25分）		
		小计			
		总分			

任务 22.2 总价措施项目

22.2.1 任务资料

香格里拉县城（平均海拔 3200 米）内某房屋建筑工程，经计算得分部分项工程费为 4500000.00 元（其中人工费为 750000.00 元，机械使用费为 350000.00 元），单价措施费为 100000.00 元（其中人工费为 30000.00 元，机械使用费为 10000.00 元），暂列金额为 50000.00 元，工程排污费为 10000.00 元，根据 2013 版云南省建设工程造价计价依据，计算该工程应计算的各总价措施项目费。

22.2.2 任务分析

为完成任务，必须掌握总价措施项目费的计算方法。

22.2.3 任务目的

1. 会计算安全文明施工费；

2. 会计算冬雨季施工增加费，生产工具用具使用费，工程定位复测、工程点交、场地清理费；

3. 会计算特殊地区施工增加费。

22.2.4 任务要求

以个人为单位，利用云南省 2013 版计价依据及清单规范完成学生工作页。

22.2.5 任务计划

学生参考《房屋建筑与装饰工程工程量计算规范》GB 50854—2013 完成任务，任务计划时间 3 学时。

22.2.6 基础知识

总价措施项目费

总价措施项目费，是指对不能计算工程量的措施项目，采用总价的方式，以"项"为计量单位计算的措施项目费用，其中已综合考虑了管理费和利润。总价措施项目可根据拟建工程的具体情况，从安全文明施工费、夜间施工增加费、二次搬运费、冬雨季施工增加费、已完工程及设备保护费、工程定位复测费、特殊地区施工增加费和其他中选列。总价措施项目费计算方法如下。

（一）按规定的计算基数和费率计算

计算方法及费率表

费率单位：%

措施项目费用名称	计算方法	房屋建筑与装饰工程	通用安装工程	市政工程	园林绿化工程	房屋修缮及仿古建筑工程	城市轨道交通工程	独立土石方工程
安全文明施工费	（分部分项工程费中定额人工费＋分部分项工程费中定额机械费×8%）×费率	15.65	12.65	12.65	12.65	12.65	12.65	2
其中：（1）环境保护费		10.17	10.22	10.22	10.22	10.22	10.22	1.6
（2）安全施工费								
（3）文明施工费								
（4）临时设施费		5.48	2.43	2.43	2.43	2.43	2.43	0.4
冬雨季施工增加费，生产工具用具使用费，工程定位复测、工程点交、场地清理费		5.95	4.16	市政工程中建筑工程：5.95 市政工程中安装工程：4.16	5.95	5.95	轨道交通工程中建筑工程：5.95 轨道交通工程中安装工程：4.16	5.95
特殊地区施工增加费	（定额人工费＋定额机械费）×费率	2500米＜海拔≤3000米的地区，费率为8； 3000米＜海拔≤3500米的地区，费率为15； 海拔＞3500米的地区，费率为20						

其中：安全文明施工费作为不可竞争性费用，应按规定费率计算。

（二）按实计算

夜间施工增加费、二次搬运费、已完工程及设备保护费实际发生时，按实际发生的费用计算。

22.2.7 任务工作页

专业		授课教师	
工作项目	措施项目	工作任务	总价措施项目费
知识准备	1. 什么是总价措施项目费？ 2. 总价措施项目应如何列项？ 3. 总价措施项目费有哪两种计算方法？		

			学生自评	老师评价
知识学习与任务完成过程	(1) 任务中应列哪些总价措施项目费？ (2) 计算各总价措施项目费。 计算规则： 计算过程：			

	序号	评价项目及权重		学生自评	老师评价
任务完成情况评价	1	工作纪律和态度（20分）			
	2	知识准备或知识回顾（20分）			
	3	任务完成情况（60分）	① 总价措施项目费的列项（20分）		
	4		② 总价措施项目费的技术（40分）		
		小计			
		总分			

任务 22.3 脚手架工程

22.3.1 任务资料

某工程，外墙厚 240mm，L外轴长为 80m，轴线居中，室外地坪相对标高为－0.45m，女儿墙顶相对标高为 9.55m，施工组织设计拟采用单排钢管外脚手架，计划工期为 100 天。试计算该工程的外脚手架工程费。（焊接钢管租赁价格 3.00 元/t·天；钢管扣件、底座租赁价格 1.00 元/百套·天）

22.3.2 任务分析

为完成任务，必须掌握外脚手架工程量的计算方法和单价措施项目综合单价的计算方法。

22.3.3 任务目的

1. 会计算外脚手架工程量；
2. 会计算单价措施项目综合单价。

22.3.4 任务要求

以个人为单位，利用云南省 2013 版计价依据及清单规范完成学生工作页。

22.3.5 任务计划

学生参考《房屋建筑与装饰工程工程量计算规范》GB 50854—2013 完成任务，任务计划时间 3 学时。

22.3.6 基础知识

脚手架工程

一、单价措施项目费的计算方法

单价措施项目费是对能计算工程量的措施项目，采用单价方式计算的措施项目费。单价措施项目费的计算方法同分部分项工程费的计算。即：

单价措施项目费 $= \sum$（单价措施项目清单工程量×清单综合单价）

综合单价的计算同前，在这一部分的课程内容中，将重点解决各单价措施项目工程量的计算，包括清单工程量和定额工程量。

二、脚手架工程

（一）脚手架工程清单工程量

脚手架工程清单项目设置、项目特征描述的内容、计量单位及工程量计算规则，应按《房屋建筑与装饰工程工程量计算规范》GB 50854—2013 规定执行。

（二）脚手架工程定额工程量

1. 项目划分

节	分 节	项 目	子 目	备 注
脚手架工程	建筑工程脚手架	外脚手架	钢管架（18）、型钢悬挑脚手架（1）、附着式升降脚手架（1）、木架（3）、竹架（1）	24 个子目
		里脚手架	钢管架（1）、木架（1）、竹架（1）	3 个子目
		满堂脚手架	钢管架（2）、木架（2）、竹架（2）	6 个子目
		浇灌运输道	钢制（4）、木制（4）	8 个子目
		悬空脚手架、挑脚手架	悬空脚手架（2）、挑脚手架（2）	4 个子目
		依附斜道	钢管斜道（6）、木斜道（3）、竹斜道（2）	11 个子目
		安全网	平挂式（1）、挑出式（4）	5 个子目
		电梯井脚手架	结构用（9）	9 个子目
		架空运输道	刚管制（1）、木制（1）、竹制（1）	3 个子目
		烟囱（水塔）脚手架	直径 5m 以内（6）、直径 8m 以内（6）	12 个子目
		喷射平台	喷射平台（1）	1 个子目
	外墙面装饰装修脚手架		外墙面装饰钢管架（14）、外墙面装饰架（型钢悬挑脚手架）（1）	15 个子目
	防护架	防护架	水平防护架（1）、垂直防护架（1）	2 个子目
合计				103 个

2. 定额说明及工程量计算规则

具体详见《云南省房屋建筑与装饰工程消耗量定额》规定。

22.3.7 任务工作页

专业			授课教师	
工作项目	措施项目		工作任务	脚手架工程

知识 准备	1. 什么是单价措施项目费？ 2. 如何计算单价措施项目费？ 3. 熟悉脚手架工程的列项及其技术规则。
知识 学习 与 任务 完成 过程	1. 计算外脚手架清单工程量和定额工程量 （1）计算外脚手架清单工程量 计算规则： 计算过程： （2）计算外脚手架定额工程量 计算规则： 计算过程： 2. 编制单价措施项目清单 <div align="center">**分部分项工程清单与计价表**</div>

序号	项目 编码	项目名称	项目特征描述	计量单位	工程量	金额（元）				
						综合单价	合价	其中		
								人工费	机械费	暂估价

知识学习与任务完成过程	3. 计算外脚手架综合单价														
	综合单价分析表														
	序号	项目编码	项目名称	计量单位	工程量	清单综合单价组成明细									综合单价
						定额编号	定额名称	定额单位	数量	单价			合价				
										人工费	材料费	机械费	人工费	材料费	机械费	管理费和利润	

任务完成情况评价	序号	评价项目及权重		学生自评	老师评价
	1	工作纪律和态度（20分）			
	2	知识准备或知识回顾（20分）			
	3	任务完成情况（60分）	① 单价措施项目清单的编制（30分）		
	4		② 外脚手架综合单价的计算（30分）		
		小计			
		总分			

任务 22.4 模板及支架工程

22.4.1 任务资料

图 22-1 为某工程框架结构建筑物某层现浇混凝土及钢筋混凝土柱梁板结构简图，层高 3.00m，其中板厚 120mm，梁、板顶标高为 6.00m，柱的区域部分为（3.00m～6.00m）。招标文件中要求，模板单列，不计入混凝土实体项目综合单价，不采用清水模板。试计算该工程的模板工程量。（柱截面尺寸为 500mm×500mm）

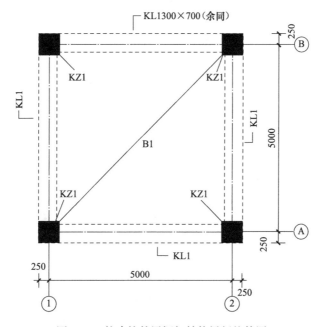

图 22-1 某建筑某层框架结构梁板柱简图

22.4.2 任务分析

为完成任务，必须掌握模板及支架工程工程量的计算方法。

22.4.3 任务目的

1. 会计算模板及支架工程的工程量；
2. 会编制单价措施项目清单。

22.4.4 任务要求

以个人为单位，利用云南省 2013 版计价依据及清单规范完成学生工作页。

22.4.5 任务计划

学生参考《房屋建筑与装饰工程工程量计算规范》GB 50854—2013 完成任务，任务计划时间 2 学时。

22.4.6 基础知识

模板及支架工程

一、模板及支架工程清单工程量

模板及支架工程清单项目设置、项目特征描述的内容、计量单位及工程量计算规则，应按《房屋建筑与装饰工程工程量计算规范》GB 50854—2013 规定执行。

二、模板及支架工程定额工程量

（一）项目划分

节	分节	项目	子目	备注
模板及支架工程	现浇混凝土模板	基础垫层	混凝土基础垫层（1）	1
		基础	带形基础（8）、独立基础（4）、满堂基础（4）、桩承台（4）、杯型基础（2）、设备基础（6）、电梯坑、集水坑（1）、设备基础螺栓套（2）	31
		柱	矩形柱（2）、圆形柱（1）、异形柱（2）、构造柱（1）、升板柱帽（1）	7
		梁	基础梁（2）、单梁连续梁（2）、异形梁（1）、拱形梁（1）、弧形梁（1）、圈梁（3）、过梁（2）	12
		墙	直形墙（2）、弧形墙（1）、电梯井壁（2）	5
		板	有梁板（2）、无梁板（2）、平板（2）、斜坡板（2）、拱形板（1）、双曲薄壳（1）	10
		其他	楼梯（5）、雨篷（2）、拦板（1）、门窗框（1）、框架梁柱接头（1）、挑檐天沟（1）、压顶（1）、池槽（1）、零星构件（1）、电缆沟、排水沟（2）、混凝土线条（1）、栏杆（1）、台阶（1）、屋顶水箱（1）、对拉螺栓（2）	22
		现浇构件支撑超高	支撑高度 3.6 米以上每增 1 米（4）	4
		混凝土后浇带	混凝土后浇带（4）	4
		人工挖孔桩护壁	人工挖孔桩护壁（4）	4
	预制混凝土模板	桩	方桩（1）、桩尖（1）	2
		柱	矩形柱（1）、工型柱（1）、双肢柱（1）、空格柱（1）、空心柱（1）、围墙柱（1）	6
		梁	矩形梁（1）、异形梁（1）、过梁（1）、拱形梁（1）、托架梁（1）、吊车梁（2）	7
		屋架	折线（拱、梯）形（1）、锯齿式（1）、组合式（1）、薄腹梁（1）、门式钢架（1）、天窗架（1）、天窗端壁（1）	7
		板	空心板（5）、平板（1）、槽形板（1）、F形板（1）、大型屋面板（1）、拱形屋面板（2）、双T板（1）、单肋板（1）、天沟板（1）、折线板（1）、挑檐板（1）、遮阳板（1）、架空隔热板（1）、地沟盖板（1）、升板（1）	20

节	分节	项目	子目	备注
模板及支架工程	预制混凝土模板	其他	檩条、支撑、天窗上下档（1）、烟道垃圾道通风道（1）、阳台雨篷（1）、门窗框（1）、栏杆（1）、楼梯（2）、楼梯段（2）、扶手（1）、混凝土零星构件（1）、花格（2）、水磨石（3）、井圈（1）、井盖（1）	18
	预应力混凝土模板	后张法	吊车梁（2）、拱（梯）形屋架（1）、薄腹梁（1）、托架梁（1）	5
		先张法	矩形梁（1）、平板（1）、长线台钢拉模（3）、槽形板（1）、大型屋面板（1）、挑檐板（1）、檩条支撑（1）	9
	构筑物模板	钢筋混凝土烟囱（滑模施工）	钢架混凝土烟囱（7）	7
		钢筋混凝土贮水塔	塔身（2）、塔顶（1）、槽底（1）、水箱（2）、回廊及平台（1）	7
		倒锥壳水塔	筒身（3）、水箱制作（4）	7
		钢筋混凝土贮水（油）池	池底（2）、池壁（2）、立柱（1）、池盖（3）、沉淀池（2）	10
		贮仓	圆形仓（4）、矩形仓（2）	6
		筒仓（滑模施工）	筒仓（滑模施工）（4）	4
		附表：地模、胎模分析表	长线台混凝土地模（1）、砖地模（1）、砖胎模（1）、混凝土地模（1）、混凝土胎模（1）	5
合计				220

（二）定额说明及工程量计算规则

具体详见《云南省房屋建筑与装饰工程消耗量定额》规定。

22.4.7 任务工作页

专业		授课教师	
工作项目	措施项目	工作任务	模板及支架工程
知识准备	熟悉常用构件的模板及支架工程工程量计算规则。授课教师口头问答考核。		
知识学习与任务完成过程	1. 计算模板及支架工程清单工程量和定额工程量 （1）计算模板及支架工程清单工程量 计算规则： 计算过程：		

知 识 学 习 与 任 务 完 成 过 程	（2）计算模板及支架工程定额工程量 计算规则： 计算过程： 2. 编制单价措施项目清单

单价措施项目清单与计价表

序号	项目编码	项目名称	项目特征描述	计量单位	工程量	金额（元）				
						综合单价	合价	其中		
								人工费	机械费	暂估价

	序号	评价项目及权重		学生自评	老师评价
任务完成 情况评价	1	工作纪律和态度（20 分）			
	2	知识准备或知识回顾（20 分）			
	3	任务完成情况 （60 分）	① 模板及支架工程工程量的计算（40 分）		
	4		② 单价措施项目清单的编制（20 分）		
		小计			
		总分			

任务 22.5　垂直运输及超高增加费

22.5.1　任务资料

某高层建筑如图 22-2 所示，框架-剪力墙结构，无地下室，女儿墙高度为 1.80m。试编制垂直运输与超高施工增加的单价措施项目清单。

22.5.2　任务分析

为完成任务，必须掌握垂直运输和超高施工增加的计算方法。

22.5.3　任务目的

1. 会计算垂直运输工程量；

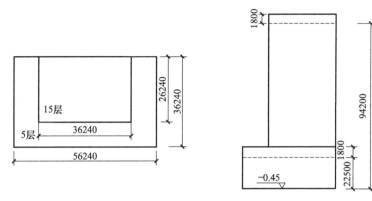

图 22-2 某高层建筑示意图

2. 会计算超高施工增加工程量。

22.5.4 任务要求

以个人为单位,利用云南省 2013 版计价依据及清单规范完成学生工作页。

22.5.5 任务计划

学生参考《房屋建筑与装饰工程工程量计算规范》GB 50854—2013 完成任务,任务计划时间 2 学时。

22.5.6 基础知识

垂直运输及超高增加费

一、垂直运输及超高增加费清单工程量

垂直运输和超高施工增加清单项目设置、项目特征描述的内容、计量单位及工程量计算规则,应按《房屋建筑与装饰工程工程量计算规范》GB 50854—2013 规定执行。

二、垂直运输及超高施工增加定额工程量

(一)项目划分

节	分 节	项 目	子 目	备注
垂直运输及超高增加费	建筑物垂直运输	设计室外地坪以下	层数(4)	4
		设计室外地坪以上,20m(6层)以内	砖混结构(2)、现浇框架(2)、其他结构(1)、单层厂房(3)、多层厂房(3)	11
		设计室外地坪以上,20m(6层)以上	现浇框架结构(19)、滑模施工(13)、其他结构(4)、多层厂房(8)	44
	构筑物垂直运输	构筑物垂直运输	烟囱(4)、筒仓(2)、水塔(4)	10
	建筑物超高施工增加费	建筑物超高施工增加费	檐高(层数)以内(19)	19
	装饰装修垂直运输	设计室外地坪以下	层数(4)	4
		设计室外地坪以上	建筑物檐口高度(m以内)(55)	55
		单层建筑物	建筑物檐口高度(m以内)(2)	2
	装饰超高增加费	设计室外地坪以上	建筑物檐口高度(m)(9)	9
		单层建筑物	单层建筑物(3)	3
合计				161

(二)定额说明及工程量计算规则

具体详见《云南省房屋建筑与装饰工程消耗量定额》规定。

22.5.7 任务工作页

专业			授课教师	
工作项目	措施项目		工作任务	垂直运输及超高增加费
知识 准备	1. 什么是建筑物檐口高度？ 2. 垂直运输的工作内容包括哪些？ 3. 超高施工增加的工作内容包括哪些？ 			
知识 学习 与 任务 完成 过程	1. 计算垂直运输和超高施工增加工程量 （1）计算垂直运输清单工程量 计算规则： 计算过程： （2）计算超高施工增加清单工程量 计算规则： 计算过程： 			

218

2. 编制单价措施项目清单

单价措施项目清单与计价表

序号	项目编码	项目名称	项目特征描述	计量单位	工程量	金额（元）				
						综合单价	合价	其中		
								人工费	机械费	暂估价

（左侧标题：知识学习与任务完成过程）

	序号	评价项目及权重		学生自评	老师评价
任务完成情况评价	1	工作纪律和态度（20分）			
	2	知识准备或知识回顾（20分）			
	3	任务完成情况（60分）	① 垂直运输清单工程量的计算（20分）		
	4		② 超高施工增加清单工程量的计算（20分）		
	5		③ 单价措施项目清单的编制（20分）		
		小计			
		总分			

任务 22.6　大型机械进退场费

22.6.1　任务目的
掌握大型机械进退场费的计算方法。

22.6.2　任务要求
以个人为单位，完成学生工作页中规定的学习内容。

22.6.3　任务计划
任务计划时间 1 学时。

22.6.4　基础知识

大型机械进退场费

一、大型机械设备进出场及安拆清单工程量

大型机械设备进出场及安拆清单项目设置、项目特征描述的内容、计量单位及工程量计算规则，应按《房屋建筑与装饰工程工程量计算规范》GB 50854—2013 规定执行。

二、大型机械进退场费定额工程量

（一）项目划分

节	分节	项目	子目	备注
大型机械进退场费	大型机械进退场费	大型机械进退场费	塔式起重机基础费用（固定式基础）（1）、塔式起重机基础费用（轨道式基础）（1）、安装拆卸费用（自升式塔式起重机）（3）、安装拆卸费用（施工电梯）（3）、安装拆卸费用（柴油打桩机）（1）、安装拆卸费用（静力压桩机）（2）、安装拆卸费用（混凝土搅拌站）（1）、安装拆卸费用（锚杆钻孔机）（1）、安装拆卸费用（三轴搅拌桩机）（1）、安装拆卸费用（旋挖钻机）（1）、场外进出费（长螺旋钻机）（1）、安装拆卸费用（长螺旋钻机）（1）、场外运输费（履带式挖机）（2）、场外运输费（履带式推土机）（2）、场外运输费（履带式起重机）（2）、场外运输费（强夯机械）（1）、场外运输费（柴油打桩机）（1）、场外运输费（压路机）（1）、场外运输费（锚杆钻孔机）（1）、场外运输费（静力压桩机）（2）、场外运输费（自升式塔式起重机）（3）、场外运输费（施工电梯）（3）、场外运输费（混凝土搅拌站）（1）、场外运输费（三轴搅拌桩机）（1）、场外运输费（旋挖钻机）（1）、场外运输费（履带式拖拉机）（2）、场外运输费（强夯机械）（1）	42
合计				42

（二）说明

具体详见《云南省房屋建筑与装饰工程消耗量定额》规定。

22.6.5 任务工作页

专业		授课教师	
工作项目	措施项目	工作任务	大型机械进退场费
知识学习与任务完成过程	1. 大型机械设备进出场及安拆费包括哪些费用？ 2. 大型机械设备进出场及安拆费怎么计算？ 3. 熟悉《云南省房屋建筑与装饰工程消耗量定额》中大型机械设备进出场及安拆费（大型机械进退场费）的相关定额子目及工程量计算规则。		

	序号	评价项目及权重		学生自评	老师评价
任务完成情况评价	1	工作纪律和态度（20分）			
	2	任务完成情况（80分）	第1题（25分）		
	3		第2题（25分）		
	4		第3题（30分）		
		小计			
		总分			